重庆文理学院学术专著出版资助项目

钢筋混凝土结构抗连续倒塌与构件加固研究

杨惠会　崔瑞夫　著

北　京
冶　金　工　业　出　版　社
2022

内 容 提 要

本书采用非线性拟静力分析法，模拟两层 2×1 跨框架结构长边中柱失效以后结构连续倒塌的反应，对比分析考虑与不考虑楼板作用时，研究楼板对 RC 框架结构连续倒塌的影响。根据楼板和柱的破坏情况，本书在加筋高性能砂浆（HPFL）-粘钢联合加固 RC 柱的轴压试验基础上，提出加固 RC 柱作为一种复合材料的应力-应变关系。运用 ANSYS 有限元软件，验证出此复合材料应力-应变曲线的正确性。对空间框架结构中的柱进行加固，用数值模拟验证加固效果。该研究成果为后续学者研究打下了一定基础。

本书可作为高等院校土木工程专业、建筑工程技术专业和工程造价专业本科生及硕士研究生的参考用书，也可供上述专业的教师及企业、科研及设计单位有关技术人员参考。

图书在版编目(CIP)数据

钢筋混凝土结构抗连续倒塌与构件加固研究/杨惠会，崔瑞夫著．—北京：冶金工业出版社，2021.2（2022.9 重印）

ISBN 978-7-5024-8683-9

Ⅰ.①钢…　Ⅱ.①杨…　②崔…　Ⅲ.①钢筋混凝土结构—加固—研究　Ⅳ.①TU375

中国版本图书馆 CIP 数据核字(2021)第 018306 号

钢筋混凝土结构抗连续倒塌与构件加固研究

出版发行　冶金工业出版社　　**电　话**　(010)64027926
地　址　北京市东城区嵩祝院北巷 39 号　　**邮　编**　100009
网　址　www.mip1953.com　　**电子信箱**　service@mip1953.com

责任编辑　于昕蕾　美术编辑　彭子赫　版式设计　禹　蕊
责任校对　卿文春　责任印制　禹　蕊

北京建宏印刷有限公司印刷
2021 年 2 月第 1 版，2022 年 9 月第 2 次印刷
710mm×1000mm　1/16；9 印张；174 千字；134 页

定价 54.00 元

投稿电话　(010)64027932　投稿信箱　tougao@cnmip.com.cn
营销中心电话　(010)64044283
冶金工业出版社天猫旗舰店　yjgycbs.tmall.com

前　言

随着社会经济的飞速发展和人们生活质量的不断提高，人们对于建筑的要求更加苛刻。大家的关注点不仅有建筑物的美观、和谐、经济和绿色，安全可靠更是人们最主要的评判建筑物好坏的标准。目前世界上存在的大多数建筑结构类型都发生过严重的倒塌事件，这些事件给社会造成了极大的财产损失，也给人们的心理与生活造成了很大的阴影与困扰。结构在受到像爆炸之类的突发荷载时，就会发生严重的倒塌。而像地震、泥石流、滑坡等突发灾难与恐怖分子造成的恐怖事件在国际上时有发生，这些突发的灾难与事件经常会造成结构的严重倒塌，而这些灾难数量每年都在增大。这样，结构在发生这些重大的灾难时就需要经受住倒塌的严峻考验。

本书详细阐述了建筑结构连续倒塌特点和状态，并通过主要构件的加固来提高结构抗倒塌能力。本书以某 RC 框架倒塌试验为基础，采用 ABAQUS 有限元程序，建立 RC 框架模型，模拟分析倒塌试验，在倒塌试验模拟分析基础上，分别建立考虑楼板与不考虑楼板作用的 RC 框架模型，拆除底层长边中柱，对比分析楼板对结构连续倒塌的破坏形态、内力、变形、塑性铰等的影响，总结连续倒塌的破坏规律。本书在加筋高性能砂浆（HPFL）-粘钢联合加固 RC 柱的轴压试验基础上，参考已有约束混凝土模型，如 Mander 模型、过镇海模型、张秀琴模型、Park 模型、Sheikh 模型，提出加筋高性能砂浆（HPFL）-粘钢联合加固 RC 柱作为一种复合材料的应力-应变关系。

本书第 1 ~ 4 章由崔瑞夫撰写，第 5 ~ 10 章由杨惠会撰写。本书的特色之处在于把建筑结构的抗连续倒塌性能与建筑结构主要受力构件加固结合在一起，探讨加固主要受力构件的建筑结构抗连续倒塌性能的变化状态。

长安大学黄华教授对本书的初稿进行了详细的审阅，提出了许多宝贵的修改意见和建议，在此表示衷心的感谢！

本书在编辑出版过程中，得到了重庆文理学院学术专著出版资助项目的支持，得到了重庆市教委人文社会科学研究项目（20SKGH210）、重庆文理学院教师分层激励与管理办法（重文理教〔2020〕15 号发布）和重庆文理学院2020 年专业核心课程建设与改革（混凝土结构设计课程）的资助，在此特别表示感谢！

限于著者水平，书中难免有不足之处，恳请读者批评指正。

著　者

2020 年 6 月

目　录

1 绪　　论

1.1 背景及意义

在我国，结构连续倒塌指的是：建筑结构在偶然荷载的作用下，结构的某个构件发生失效，进而使与破坏构件相邻的构件发生连续的破坏，最终造成比初始破坏范围更大的倒塌破坏。

结构的连续倒塌是建筑结构在偶然荷载作用下发生倒塌的一种主要形式。而结构设计主要是考虑结构的安全性、适用性以及耐久性，其中最重要的就是结构的安全性。目前，世界上存在的大多数结构类型都发生过很严重的倒塌事件。这些事件给社会造成了极大的财产损失，也给人们的心理与生活造成了很大的阴影与困扰。而现在的结构设计都没有考虑突发荷载对结构的影响，仅是考虑了常见荷载对结构的影响。然而，结构在受到像爆炸之类的突发荷载时，就会造成严重的倒塌。像地震、泥石流、滑坡等突发灾难与恐怖分子的恐怖事件时有发生，这些突发的灾难与事件经常会造成结构的严重倒塌，这些灾难数每年有增大的趋势。这样，结构在这些重大的灾难间就需要经受住倒塌的严峻考验。很显然，无论是国内还是国外在只考虑常规荷载的情况下的结构设计经验已经很丰富，而在结构倒塌方面的认知、理解还很不足，因此研究结构的连续倒塌的问题具有非常重要的意义。

从 1968 年的英国 Ronan Point 公寓发生煤气爆炸引起连续倒塌破坏以来，结构的连续倒塌的问题就受到广泛的关注，随即也开展了大量的关于连续倒塌破坏机理以及结构倒塌设计方面的研究工作。国际上许多专家已经对连续倒塌进行了深入的研究，而在他们研究的过程中，就发生了许多很有影响的并且很恶劣的连续倒塌事件，例如：1995 年 4 月 Alfed P Murrah 联邦办公大楼的倒塌、2001 年 9 月美国纽约世贸中心倒塌、2004 年法国戴高乐机场候机大厅屋顶整体垮塌等，对这些事件的分析研究也得到了一些重要的成果。近年来，我国在大力发展经济的同时，全国各地也在大量的进行项目的建设，地标性建筑也逐渐增多。然而，像地标性建筑这样的重大结构，应该不仅仅单一的对其进行常规结构设计，而且应考虑结构在连续倒塌方面的问题。但是我国开展连续倒塌的研究比西方国家晚很多，我国目前正在使用的结构规范中只对连续倒塌进行了概念性的规定，而具体的结构连续倒塌计算方法与程序却未提及。

图 1-1 是几起结构发生连续倒塌案例的图片。表 1-1 中列出了几个典型的国

内外连续倒塌事故的概况。由图1-1与表1-1可以看出，这些事故都给人类造成生命与财产的巨大损失。

a　b　c　d

图1-1　国际上比较典型的倒塌案例

a—英国 Ronan Point 公寓的倒塌；b—Alfed P. Murrah 联邦办公大楼的倒塌；
c—美国纽约世贸大厦的倒塌；d—戴高乐机场候机大厅屋顶的坍塌

表1-1 国际国内典型建筑的倒塌事件

序号	事件名称	建筑类型	时间	地点	产生后果	发生原因
1	Ronan Point 公寓倒塌	全预制钢筋混凝土装配式板式结构	1968年	英国	结构的角部区域全部发生破坏	煤气罐爆炸造成结构的外墙破坏
2	Alfred P. Murrah 大厦倒塌	钢筋混凝土结构	1995年	美国	大部分临街建筑破坏，造成168人死亡	爆炸致使支撑转换梁的柱破坏
3	三丰百货大楼的倒塌	钢筋混凝土结构	1995年	韩国	建筑结构全部倒塌，造成501人遇难	建筑结构与建筑用途改变
4	纽约世贸大厦发生倒塌	钢结构	2001年	美国	两幢超高层建筑发生倒塌，2807人死亡	飞机冲撞
5	湖南衡阳衡州大楼倒塌	钢筋混凝土结构	2003年	中国	1/3的大楼倒塌，20名消防官兵殉职	火灾造成框架柱丧失承载力
6	戴高乐机场的候机大厅屋顶坍塌	空间网架结构	2004年	法国	6名候机乘客死亡	结构设计有缺陷

从图1-1与表1-1中也可以看出造成连续倒塌的原因很多，其中有爆炸、撞击、火灾等，显然这些事故具有很大的偶然性，而且人们对这些偶然事件造成的极限荷载的了解还很少。由于引起连续倒塌的极限荷载很难确定，各国规范对抗连续倒塌的设计方法都是以结构本身为出发点，以增强结构的整体性来达到提高抗连续倒塌性能的目的。在我国RC框架结构的形式量大面广。而RC框架结构发生局部破坏后，楼板对梁柱构件的内力传递与分配有重要作用，即对结构的整体性起到重要作用。因此，深入定量地研究RC框架结构楼板对结构抗连续倒塌性能影响有重要意义。

1.2 国内外对RC框架结构抗连续倒塌研究的进展

1.2.1 各国规范中关于结构抗连续倒塌的设计方法

近年来，各国通过对结构连续倒塌不断深入的研究与分析，已经取得很多成果并且制订了与之相关的规范与标准。在这些规范中应用最广的是英国的British Standard、美国UFC和欧洲的Eurocode，它们都对结构抗连续倒塌方面的设计作了规定。

总结各国规范，对于改善结构抗连续倒塌性能的研究方法有两种情况：(1)直接设计法，主要有关键构件设计法和拆除构件法；(2)间接设计法，主要是拉结强度设计法，它的主要设计思想是提高结构的整体性。下面逐一地阐述这三种方法。

（1）拆除构件法。拆除构件法是将结构的某一关键构件拆除，分析拆除构件后结构的响应。用拆除构件来模拟实际情况中偶然荷载给结构某一构件带来的破坏。研究结构的某一个构件发生失效之后对结构的倒塌影响。这在美国的两套规范中对此进行了规定。

在美国的这两套规范中规定了应该对哪根构件进行失效处理：首先是构件失效之后不会在无外荷载的情况下结构发生倒塌，拆除构件之后能使结构保持稳定。不是每种情形都可以用拆除构件法，只有在结构的内部比较脆弱的时候才可以采用这种方法。如果结构受到偶然荷载，则采用该方法，而且只可以使结构最外边的一个构件发生失效，直至每个外排构件都失效之后，得出每种情形的结构响应，并分析比较哪种情况对结构的影响较大。

（2）关键构件法。确定一根构件是否为关键构件，就要看它在去掉之后是否能引起结构倒塌响应。英国规范 BS6399（1996）对关键构件法做出解释：结构在发生某一构件失效后或是在受到偶然荷载之后某一构件破坏，致使与之相邻的构件可以承担一定的额外荷载，且不发生失效倒塌。

（3）拉结强度法。这种方法对结构的倒塌过程要求为：1）当长边中柱先发生失效之后，本应该由失效柱承受的荷载就会通过与之相连的梁传递给其他的柱，当其他相邻的柱子可以承担失效柱传来的荷载，即传来的荷载没有使相邻柱达到其极限荷载，这个阶段的结构处于弹性阶段与弹塑性阶段。在这两个阶段，由于失效柱的向下移动而使与之相连的梁也向下移动，相邻的柱子却阻止梁向下移动，这使得梁内产生很大的轴力，对框架柱产生向外推的趋势，即梁的内拱机制。2）随着失效柱位移的增大，梁两端混凝土的拉压区不断地向梁的全截面发展，此阶段为塑性较发展的阶段。3）随着失效柱竖向位移的继续增大，梁内轴力由压力变为拉力，即梁开始受拉。这时结构承受的荷载由梁机制与悬链线机制共同承担，此阶段为复合机制阶段。对这种情况，在文献［16，17］中规定了它们在各个阶段的计算方法。

（4）局部加强法。提高可能遭受偶然作用而发生局部破坏的竖向构件和关键传力部位的安全储备，也可直接考虑偶然作用进行储备。

建筑结构所受荷载的多样性和复杂性导致其发生连续倒塌的形式各不相同，有薄饼式连续倒塌、失稳式连续倒塌、截面式连续倒塌、多骨诺米式连续倒塌、拉链式连续倒塌和混合式连续倒塌。多骨诺米连续倒塌是指结构中某一受力构件顺着建筑物底部的边缘部分刚体转动倾斜直至倾覆，该倾覆刚体以特定的速度和角度对相邻构件侧面冲击，导致相连接构件均发生相同的破坏，最终整个结构沿构件倾覆方向发生连续倒塌破坏。而薄饼式连续倒塌是指上部结构的主要构件发生破坏并与主体结构脱离坠落，最终以高速坠落的方式对下部结构产生猛烈撞击，使下部结构发生自上而下的连续倒塌。失稳性连续倒塌是指结构中的关键构件发生破坏后，其余构件大面积的整体式的失效，相继连续倒塌的现象叫做失稳式连续倒塌。

框架结构是以梁板柱作为主要受力构件的钢筋混凝土结构，柱子作为其中最重要的受力构件，多容易发生竖向失稳破坏，而引起薄饼式破坏。其中局部竖向构件失效后，导致结构内部瞬间进行内力重分布，将原本由失效柱承担的内力重新分配给相邻柱子，由于传力路径迂回，接连引发连续倒塌。

1.2.2　楼板对RC框架结构抗连续倒塌性能影响的研究现状

框架结构的重要组成构件——楼板，在结构抗连续倒塌中具有重要的作用。以下是国内外的学者对楼板在RC框架结构抗连续倒塌中作用的研究现状。

1.2.2.1　在试验方面的研究

Woodson等做了一个缩尺比例为1∶4的两层RC框架试验模型，并设有填充墙，来对板柱结构的抗爆性能进行研究。研究发现：填充墙可以减少爆炸对楼板的冲击力，也可以明显地缓解爆炸对柱的损坏速度。

张帆榛、易建伟等研究了一个4层的RC框架结构模型的第一层板，通过静力加载的方式来模拟无梁楼板结构在框架柱失效后结构的倒塌反应。试验表明，楼板在承受结构上部传来的荷载时，由于板双向拉结效应的存在与钢筋的悬链效应的存在，而不会造成结构在柱破坏的情况下发生连续倒塌。

邓言付等人分别对一榀单层单跨纯框架和一榀单层单跨考虑楼板影响框架结构进行了水平方向反复荷载低周频率作用下的对比试验研究，分别从结构抗力、结构能耗以及结构刚度等几个角度进行分析，认为楼板的单层单跨RC框架结构具有良好的抗震效应以及很好的整体性。

易建伟、张帆榛等对一个2层两跨的RC板柱结构进行结构倒塌研究的试验，以施加静力荷载的方式模拟板柱结构在底层框架柱失效之后结构的响应，该试验是在楼板顶部施加2倍的自重来模拟楼板在实际情况中的受力状况，通过物理拆除底层中柱的方法来分析结构的倒塌机理。分析发现：结构在倒塌过程中楼板的屈曲与楼板的拉薄膜机制可以将楼板上的直接荷载与间接荷载传递出去。

1.2.2.2　有限元软件模拟分析

梁益、陆新征等研究了一个8层的RC框架结构的连续倒塌的问题，采用清华大学自主研究的有限元软件THUFIBER分别分析了两种模型：一种是有楼板的框架结构，另一种是无楼板的框架结构，对它们在倒塌中的破坏机理进行研究。通过分析两者结构的破坏情况，发现在RC框架结构中有楼板的存在可以大幅度的提高其抗倒塌的各项性能指标。

赵颖等以一个9层的框架结构为研究对象，运用有限元程序OpenSEES对其进行连续倒塌模拟，在齐红拓等人研究的基础上，分析楼板的厚度、配筋率等因素对框架结构倒塌影响做了进一步的研究。分析表明，结构的抗倒塌性能可以通过提高板的配筋率来实现。在板的配筋率很低的情况下，板厚的增加会使结构抗力降低，所以增加板厚对结构抗倒塌不一定是有利因素。

齐宏拓等以一个3层RC框架结构的板为研究对象，运用有限元分析软件LS-DYNA对该结构进行倒塌过程的全面分析，研究了影响RC框架结构倒塌的各种楼板参数（板的厚度、钢筋的间距、板的配筋率等），并且评估了结构抗偶然荷载的能力，为今后在实际工程中广泛应用打下良好的基础。然而，在文献［35］中只是分析了板的机理，并没有分析带楼板的RC框架结构的机理。

张华双等分别以两跨3层的RC平面框架与两跨3层的RC空间框架为研究对象，采用有限元分析软件LS-DYNA分别对有楼板与无楼板框架结构的模型进行了研究，分析了结构中不同位置框架柱的失效对RC框架结构倒塌的各种影响因素。由研究得出：RC框架结构底层内柱的失效对结构影响最大，长边中柱较小，短边中柱最小。

李亚娥、左文武等以一个6层的RC框架结构为研究对象，采用非线性静力法运用SAP2000有限元程序建立有限元模型，研究了在底层柱破坏时，楼板对RC框架结构抗倒塌的作用。由分析可以得出：RC框架结构在有楼板作用的结构刚度比无楼板作用的结构刚度提高了0.7%，在有楼板作用的最大承载力比无楼板作用的最大承载力提高了近29.1%。

王来、邱婧等建立了一个9层的空间钢框架结构模型，采用ANSYS分析软件对无楼板框架、有楼板RC框架与有组合楼板的框架结构进行软件模拟分析，分别从自振周期、破坏形态、破坏机理与关键构件的内力变化等方面进行分析研究。由分析可以看出：有楼板的RC框架结构的抗倒塌性能有很大的提高，并且有组合楼板框架结构的抗倒塌性能提高的幅度大于有钢筋混凝土楼板框架结构。

赵晶、袁波等以一个5层RC框架结构为研究背景，运用SAP2000有限元程序建立有限元模型，分别对有楼板与无楼板框架结构的模型从破坏柱的竖向位移、梁的塑性铰和节点加速度等方面进行分析研究。由分析可以看出：在RC框架结构中有楼板的存在可以大幅度的提高其抗倒塌的各项性能指标，并且如果破坏柱的位置发生变化则其结构动力也会发生变化。

何沙沙等采用ABAQUS建立了一个3层的RC框架结构模型，对比分析了纯框架模型与有楼板的框架模型在框架柱发生破坏之后的连续倒塌的响应。通过分析发现，楼板可以有效地延缓或者减少RC框架结构发生连续倒塌破坏。

本书是在拆除RC框架结构中柱后结构发生连续倒塌反应研究的基础上，分别建立考虑楼板的空间框架与不考虑楼板的空间框架模型，考虑楼板的空间框架结构按实际情况对楼板进行合理建模，运用ABAQUS有限元程序更加逼真地模拟结构连续倒塌的反应，对比分析了考虑与不考虑楼板效应的情况，从结构连续倒塌的破坏形态、内力、变形、塑性铰等的角度，来研究楼板在RC框架结构抗倒塌中的作用。

1.3 目前结构抗连续倒塌分析中存在的问题

一般情况下结构发生连续倒塌都是由撞击、地震等突发事件的作用引起的，由于这些荷载自身就很难估计和有很大的随机性，且分析连续倒塌的方法有四种，所以考虑不同的偶然荷载和不同的分析方法，分析得到的连续倒塌的情况也各不相同。主要有以下内容：

（1）偶然荷载直接可以使结构发生连续倒塌，所以预防偶然荷载的发生是首要任务，而要精确地研究出结构连续倒塌的过程，就必须先准确地模拟出偶然荷载的作用。

（2）分析结构连续倒塌的方法主要有非线性静力分析、线性静力分析、非线性动力分析、线性动力分析。对结构连续倒塌，一般采用非线性动力分析进行研究，但是非线性动力法计算非常复杂，且对计算机的要求非常高，在实际工作中不可能对每一个结构进行非线性动力分析。

（3）在结构连续倒塌的过程中，失效构件势必会对剩余完好结构产生强大冲击作用，必须精确模拟这种冲击作用。

（4）在国内结构连续倒塌的试验研究非常少，因为需要消耗很大的精力和财力。

（5）目前在国内外对结构的连续倒塌的研究中，考虑楼板的作用非常少，因为考虑楼板的作用会给计算带来很大麻烦，费时费力；另外，如果不考虑楼板的作用计算结果只是偏保守，但会造成材料的巨大浪费。

本书主要提出以下几种办法来分析上述问题：

（1）通过拆除结构的某一个构件，来模拟结构受到突发荷载。在结构中突然拆除其中某个关键构件看结构的反应，以此模拟偶然荷载对结构的破坏作用。

（2）本书研究的内容比较简单，所以选择非线性静力法来分析。

（3）静力分析时荷载组合值$=2(D+0.25L)$，考虑冲击作用时，在失效构件的相邻构件上添加$2(D+0.25L)$即可。

（4）本书通过ABAQUS软件进行有限元分析，建立了钢筋混凝土框架模型，研究空间框架模型的抗连续倒塌规律。

（5）本书分别建立了无楼板的两层RC框架结构模型、仅二层有楼板的两层RC框架结构模型以及两层均有板的RC框架结构模型，这样可以对比分析楼板对RC框架结构抗连续倒塌的具体贡献。

1.4 本书主要的研究内容

1.4.1 楼板在框架结构抗连续倒塌中的作用

本书通过五个部分的内容来讨论楼板在框架结构抗连续倒塌中的作用。

第一部分，在研读了大量的文献资料的基础上，明确了楼板在框架结构抗连续倒塌中的作用及研究现状，阐述了结构连续倒塌目前的设计方法。通过研究发现目前结构设计基本都忽略楼板的作用，这样会造成材料的巨大浪费。

第二部分，选取 RC 框架结构模型的有限单元，选择钢筋与混凝土材料的本构关系，确立有限元中混凝土的塑性损伤模型；在已有试验的基础上采用 ABAQUS 程序建立有限元模型。通过试验数值与模拟数值的对比，从结构的最终破坏形态、框架侧移、倒塌的各个阶段、框架柱底应变和梁柱夹角等几个方面验证有限元模型的正确性及有效性。

第三部分，在倒塌试验模拟分析基础上，分别建立仅二层有楼板、两层均无楼板（纯框架）与两层都有楼板的模型，通过拆除底层中柱模拟连续倒塌全过程，对比分析楼板对结构连续倒塌的破坏形态、内力、变形、塑性铰等的影响，得出楼板在结构连续倒塌中的具体作用。

第四部分，改进了王惠宾的解析法，利用改进后的解析法计算楼板在结构抗连续倒塌中的作用，提出楼板对框架结构抗连续倒塌作用的计算公式。计算有楼板 RC 框架结构的最大抗力，计算结果与数值模拟结果接近，认为现浇楼板至少可以提高 15% 的框架结构抗倒塌能力。

第五部分，对本研究进行总结，分析不足之处，对楼板在结构连续倒塌中作用的研究提出一些建议。

本书通过数值计算和理论分析，系统地研究了楼板在 RC 框架结构抗连续倒塌中的作用机理。建立了钢筋混凝土框架结构模型，采用拆除构件的方法分别对考虑楼板作用与不考虑楼板作用的不同框架，在拆除底层关键柱后结构的连续倒塌进行非线性静力数值计算，重点对比分析了楼板在结构抗连续倒塌中对结构的竖向位移与水平位移、关键构件内力、塑性铰的具体作用，提出了考虑楼板的框架结构的计算方法，得到以下的主要结论：

（1）楼板的作用使得失效柱在同样加载情况下达到同样的竖向位移的抗力明显增大，与失效柱相邻的纵向框架柱向外侧移的幅度也大大减小。因此，楼板可以大大提高结构的抗力与刚度，增加结构的整体性，保证了结构的抗连续倒塌的能力。

（2）楼板使梁的截面面积增加，裂缝的开展受到限制，这使得梁截面内的混凝土不会因受弯而全部开裂，因此可以有足够的混凝土形成内拱，以保证梁在整个过程中始终处于内拱承载阶段，有效地减少了结构的变形，使结构不容易发生连续倒塌。

（3）梁柱的转角在考虑楼板作用时，明显的要比同一时间测点不考虑楼板作用的转角小。这说明，现浇楼板的存在可以推迟梁铰的出现，改善了结构的抗连续倒塌性能。

（4）改进了王惠宾的解析法，利用改进后的解析法计算楼板在结构抗连续倒塌中的作用，提出楼板对框架结构抗连续倒塌作用的计算公式。

（5）通过一个长边中柱发生失效框架结构的实例，分别采用解析法与改进后的解析法计算有楼板 RC 框架结构的最大抗力，将二者计算出的有楼板框架结构的抗力与计算出的纯框架结构的抗力进行对比，结果发现：现浇楼板至少可以提高 15% 的框架结构抗倒塌能力。

（6）采用 ABAQUS 有限元程序对框架结构长边中柱发生初始失效的情形进行分析（pushdown 分析），分别分析了有楼板的框架结构抗连续倒塌性能与无楼板的框架结构的抗连续倒塌性能；得出有楼板与无楼板的结构长边中柱失效结构倒塌的荷载 - 位移曲线，并且将模拟出的有楼板的结构最大抗力与解析法和改进后解析法计算出的最大抗力进行比较，发现模拟结果与改进后解析法计算的结果最接近，表明：改进后的解析法计算楼板在框架结构连续倒塌中的作用更为准确。

1.4.2　几种混凝土柱的性能对比

本书通过对 1 根素混凝土对比柱、1 根钢筋混凝土对比柱、4 根加筋高性能砂浆（HPFL）- 粘钢联合加固钢筋混凝土柱、2 根加筋高性能砂浆（HPFL）- 粘钢联合加固素混凝土柱进行轴压试验，得到了不同柱子的混凝土荷载 - 竖向位移曲线、混凝土荷载 - 横向位移曲线、纵筋荷载 - 应变曲线、箍筋荷载 - 应变曲线、角钢荷载 - 应变曲线、钢绞线 - 荷载应变曲线；分析了各个柱子的受力性能和加固材料与核心区混凝土协同工作的能力。

本书进一步把加筋高性能砂浆（HPFL）- 粘钢联合加固钢筋混凝土柱看作一种复合材料柱子，以 Mander 模型和 Sheikh 模型为参考，提出了该种复合材料的应力 - 应变关系，给出了各参数的计算方法，为后人使用此加固方法提供参考。

以试验柱为原型，用 ANSYS 有限元建立了两种模型，一种是用分离式建模方法建立了加筋高性能砂浆（HPFL）- 粘钢联合加固钢筋混凝土柱的模型；另一种是把新提出的应力应变关系看作复合材料的材料属性，用整体式建模方法建立了此加固柱模型。通过和试验相同的加载方式，得出了两个柱子的荷载 - 位移曲线，应力 - 应变曲线，以及不同应力状态下的应变图形。

通过以上一系列的工作，得出如下结论：

（1）加筋高性能砂浆（HPFL）- 粘钢联合加固钢筋混凝土柱相比钢筋混凝土柱，其轴向极限承载力明显提高，延性明显提高，各材料间相互协同工作能力强。

（2）给出了加筋高性能砂浆 - 粘钢联合加固钢筋混凝土新型加固方法作为一种复合材料的应力应变关系，通过不同方面得到了验证，参数计算方法合理，可用于以后该加固方法研究使用。

（3）通过 ANSYS 有限元验证，整体式模型的应力应变关系与实际情况吻合，说明把此加固方式作为复合材料加固的本构关系属性可以运用。

2 RC框架倒塌有限元模型验证

2.1 概述

当今社会，随着软件技术的飞速发展，计算机的分析程序也变得非常强大，有限元软件作为其中的重要程序已经成为各个领域工程设计及分析的重要手段。ANSYS软件是融结构、流体、电场、磁场、声场分析于一体的大型通用有限元分析软件，由世界上最大的有限元分析软件公司之一的美国ANSYS开发；它能与多数CAD软件接口，实现数据的共享和交换，如Pro/Engineer、NASTRAN、Alogor、I-DEAS、AutoCAD等，是现代产品设计中的高级CAE工具之一。该软件主要包括三个部分：前处理模块、分析计算模块和后处理模块，其中前处理模块提供了一个强大的实体建模及网格划分工具，用户可以方便地构造有限元模型；分析计算模块包括结构分析（可进行线性分析、非线性分析和高度非线性分析）、流体动力学分析、电磁场分析、声场分析、压电分析以及多物理场的耦合分析，可模拟多种物理介质的相互作用，具有灵敏度分析及优化分析能力；后处理模块可将计算结果以彩色等值线显示、梯度显示、矢量显示、粒子流迹显示、立体切片显示、透明及半透明显示（可看到结构内部）等图形方式显示出来，也可将计算结果以图表、曲线形式显示或输出。

ABAQUS是一套功能强大的工程模拟的有限元软件，其解决问题的范围从相对简单的线性分析到许多复杂的非线性问题。ABAQUS包括一个丰富的、可模拟任意几何形状的单元库，拥有各种类型的材料模型库，可以模拟典型工程材料的性能，其中包括金属、橡胶、高分子材料、复合材料、钢筋混凝土、可压缩超弹性泡沫材料以及土壤和岩石等地质材料，作为通用的模拟工具，ABAQUS除了能解决大量结构（应力/位移）问题，还可以模拟其他工程领域的许多问题，例如热传导、质量扩散、热电耦合分析、声学分析、岩土力学分析（流体渗透/应力耦合分析）及压电介质分析。ABAQUS被广泛地认为是功能最强的有限元软件，可以分析复杂的固体力学和结构力学系统，特别是能够驾驭非常庞大复杂的问题和模拟高度非线性问题。ABAQUS不但可以做单一零件的力学和多物理场的分析，同时还可以做系统级的分析和研究。ABAQUS的系统级分析的特点相对于其他的分析软件来说是独一无二的，由于ABAQUS优秀的分析能力和模拟复杂系统的可靠性使得ABAQUS在各国的工业和研究中被广泛地采用。ABAQUS在大量的高科技产品研究中都发挥着巨大的作用。ANSYS软件注重应用领域的拓展，覆盖流体、电磁场和多物理场耦合等十分广泛的研究领域。ABAQUS 集中于结构力学和相关领域研究，致力于解决该领域的深层次实际问题，在求解非线性问题时具有非常明显的优势，其非线性涵盖材料非线性、几何非线性和状态非线性等多个方面。ABAQUS 目前有更多的单元种类、材料模型、接触和材料类型，因此将 ABAQUS 作为本书模拟研究的主要手段。

在本章中，主要通过两个过程来验证分析有限元模型：(1) 选取 RC 框架结构模型的有限单元，选择钢筋与混凝土材料的本构关系，确立有限元中混凝土的塑性损伤模型。(2) 在已有试验的基础上采用 ABAQUS 有限元程序建立有限元模型，通过试验数值与模拟数值的对比，从结构的最终破坏形态、框架侧移、倒塌的各个阶段、框架柱底应变和梁柱夹角等几个方面验证有限元模型的正确性及有效性。在之后的章节中就利用此模型的单元建立有限元模型，这样在一定程度上就能保证数值模拟结果的准确性。

2.2　有限元模型

2.2.1　模型的基本假定

模型的基本假定为：在模型的建立中，忽略钢筋与混凝土两种材料间的粘结滑移。

2.2.2　选取合适的建模方法

混凝土和钢筋是两种性质截然不同的材料，由这两者组成的钢筋混凝土结构的材料性能也是非常复杂的。因此，在有限元模型的建立过程中，一定要考虑这种组合材料独特的性质。现在，国际上通用的钢筋混凝土结构建模方式主要有三种：

(1) 分离式建模。此建模方式是通过将两种材料分别建立单元并进行网格划分来实现的。在空间问题研究中，为了计算方便常常把钢筋与混凝土划分成六面体单元。在分离式建模中，钢筋被当成线性单元来进行模拟，作为一种细长杆件不考虑它的抗剪能力；混凝土可以按实体单元分析。分析过程中，先是单独计算钢筋和混凝土的刚度矩阵，然后再把这两者单独计算出来的刚度矩阵合并成为整个结构的刚度矩阵，通过嵌入粘结单元来考虑混凝土与钢筋之间的粘结滑移。

(2) 整体式建模。此建模方式是将混凝土和钢筋这两种不同材料联合作为一种材料，钢筋则均匀地分散在整个结构中。由此得到的刚度矩阵是综合了钢筋与混凝土这两种不同材料的综合刚度矩阵，整体式建模具有建模简便、分析程序占用内存小、单元统一且数量小、计算速度快等特点，特别适用于配筋复杂的结构；然而它只可以计算出结构整体的内力而提取不出钢筋在结构中的具体作用，更不能研究钢筋与混凝土之间的粘结滑移。

（3）组合式建模。此建模方式被设定为钢筋与混凝土之间不存在滑移问题。组合式建模包含两种：一种是分层组合式建模，这种建模方式是将在结构同一高度截面处的钢筋分成一层，并认为同层各处材料的力学性能是一样的，非常适用于建立板壳结构模型；另一种是等参数单元建模，这种建模方式是通过在混凝土单元中嵌固进膜单元（指的是与分层组合式建模同一截面处的钢筋）来实现对结构的模拟，用膜单元的特性来代替钢筋的各种力学性能。组合式建模的单元总数比较少，模型计算较快，然而只适用于钢筋分布比较均匀的结构。

在本书研究的模型中，虽然不考虑钢筋与混凝土之间的粘结滑移，但要考虑钢筋与混凝土这两种不同材料的应力－应变关系，以及钢筋在结构破坏中的悬链效应。因此，采用分离式模型分析结构的连续倒塌问题。

2.2.3　本构关系

2.2.3.1　钢筋的本构关系

钢筋强化模型一般分为三种：等向型、随动型和混合型，这几种模型分别在不同方面体现出钢筋的一些特性。因为钢筋的屈服点不显著，所以本书钢筋采用的是线性强化弹塑性模型（见图2-1），折线第一段斜率代表钢筋的弹性模量，第二段斜率代表钢筋的强化阶段，第二上升段的斜率为第一段斜率的1%，用 $E_t = 0.01E$ 表示。钢筋密度为7800kg/m^3，弹性模量按规范取用，泊松比为0.3。

2.2.3.2　混凝土的本构关系

根据《混凝土结构设计规范》中所提供混凝土本构曲线来选取本书所需要的混凝土本构模型。

混凝土的单轴受压应力－应变曲线方程可以根据式（2-1）来确定（见图2-2）：

当 $x \leqslant 1$ 时
$$y = \alpha_a x + (3 - 2\alpha_a)x^2 + (\alpha_a - 2)x^3 \tag{2-1}$$

当 $x > 1$ 时
$$y = \frac{x}{\alpha_d (x-1)^2 + x} \tag{2-2}$$

$$x = \varepsilon / \varepsilon_c, \quad y = \sigma / f_c^* \tag{2-3}$$

式中　α_a，α_d——混凝土规范中所给出的单轴受压应力－应变关系曲线上升与下降段参数，根据规范中的表C.2选用；

f_c^*——混凝土的单轴抗压强度；

ε_c——与 f_c^* 对应的混凝土压应变峰值，根据规范中的表C.2.1选用。

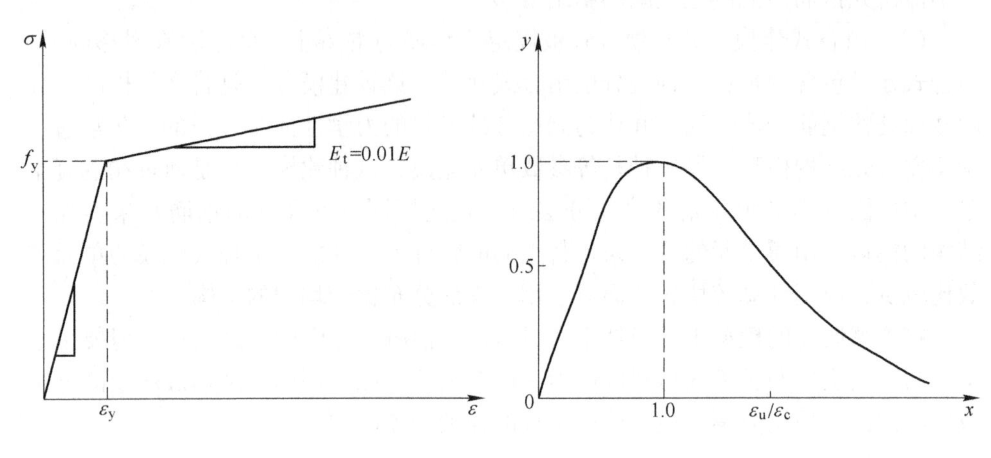

图 2-1　钢筋的应力 - 应变关系曲线　　　　图 2-2　单轴受压应力 - 应变关系曲线

以上介绍了混凝土单轴受压应力 - 应变公式，受拉的应力 - 应变公式为（见图 2-3）：

当 $x \leqslant 1$ 时
$$y = 1.2x - 0.2x^6 \tag{2-4}$$

当 $x > 1$ 时
$$y = \frac{x}{\alpha_t (x-1)^{1.7} + x} \tag{2-5}$$

$$x = \varepsilon / \varepsilon_t, \quad y = \sigma / f_c^* \tag{2-6}$$

式中　α_t——混凝土单轴受拉应力 - 应变曲线下降段的参数值，根据规范中的表 C. 2. 2 选用；

ε_t——与 f_c 对应的混凝土拉应变峰值，根据规范中的表 C. 2. 2 选用；

f_c——混凝土的抗压强度。

2. 2. 4　采用合适的单元类型

ABAQUS 有限元程序单元库中的单元类型很丰富且可以模拟任意不同的几何形状。在 ABAQUS 中常用到的单元类型包括实体（continuum）、梁（beam）、壳（shell）与桁架（truss）等单元类型。

（1）混凝土实体单元。本书的混凝土单元选用的是三维的八节点六面体一阶实体 C3D8R 单元。该单元利用了缩减积分以及沙漏控制，广泛地应用在细网格的大应变分析中。混凝土单元的形状如图 2-4 所示。

（2）钢筋单元。本书的纵向钢筋与箍筋选取三维桁架单元 T3D2，单元中的“3D”指的是三维桁架，“2”表示在单元中有 2 个节点数。桁架单元是不可以承受弯曲只可以承受拉压的杆单元，所以桁架单元很适合模拟纵向钢筋与箍筋。

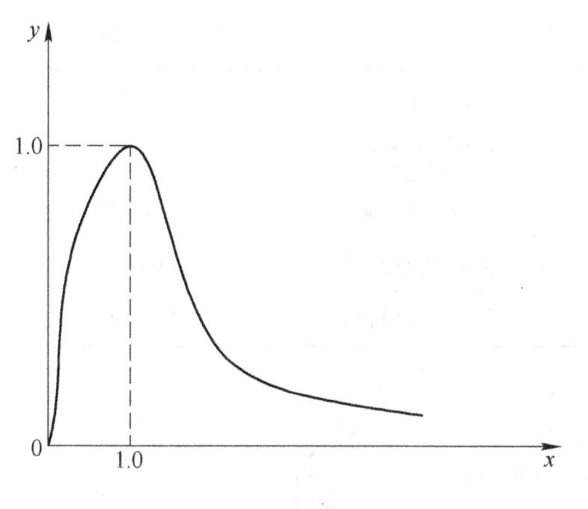

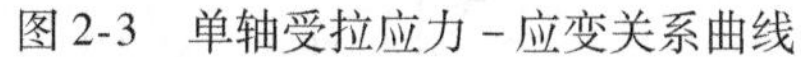
图 2-3 单轴受拉应力 - 应变关系曲线

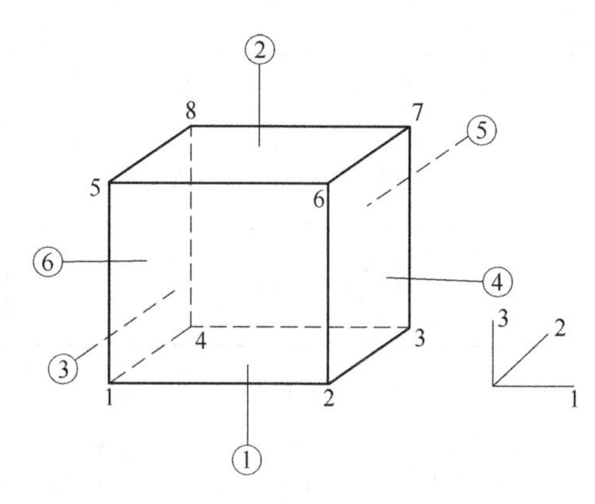

图 2-4 C3D8R 单元

2.2.5 混凝土的塑性损伤模型

ABAQUS 是以 Lubliner、Lee 与 Fenves 等的模型为背景建立的混凝土塑性损伤模型，适用的范围为岩石与水泥等准脆性材料。在低围压力下，混凝土呈现拉裂与压碎的脆性破坏机制；在围压增大致能够使组织裂缝扩散程度后，混凝土的脆性会随之变小，这时混凝土的宏观表征类似处在强化阶段的延性材料，且该模型中高静水压力作用下的混凝土行为不被研究。

2.3 验证模型

2.3.1 试验模型的介绍

山东农业大学王少杰等曾将该学校的文理大楼作为原型做了一个 12 层的缩尺比例为 1：4 的 RC 空间框架结构倒塌试验，本书就将该倒塌试验作为验证模型的标准。该试验模型是一个两层 2×1 跨的空间框架模型，首层与二层的层高均为 1000mm，跨度均为 2000mm。模型的垫梁截面高为 250mm、宽为 300mm，梁截面高为 100mm、宽为 200mm，柱截面的高、宽均为 200mm；结构的首层不带板，二层带板且板厚 40mm。选择只在二层设板，是因为可以在同一个结构中进行有无楼板的对照。模型几何尺寸、加载与传感设备分布如图 2-5 所示，钢筋与混凝土材料的各项指标测试值见表 2-1，钢筋布置如图 2-6 所示。

表 2-1 两种材料的性能指标实测值 (MPa)

材料种类及名称	材料标号	测试的指标名称	测试值
纵向钢筋	HRB400	纵筋的屈服强度	401.23
		纵筋的抗拉强度	537.81

续表 2-1

材料种类及名称	材料标号	测试的指标名称	测试值
截面箍筋	HPB235	箍筋的抗拉强度	648.79
		箍筋的回弹强度	23.05
板分布钢筋	ϕ4mm 钢丝	板筋的抗拉强度	642.86
混凝土	C20	混凝土立方体抗压强度	23.90

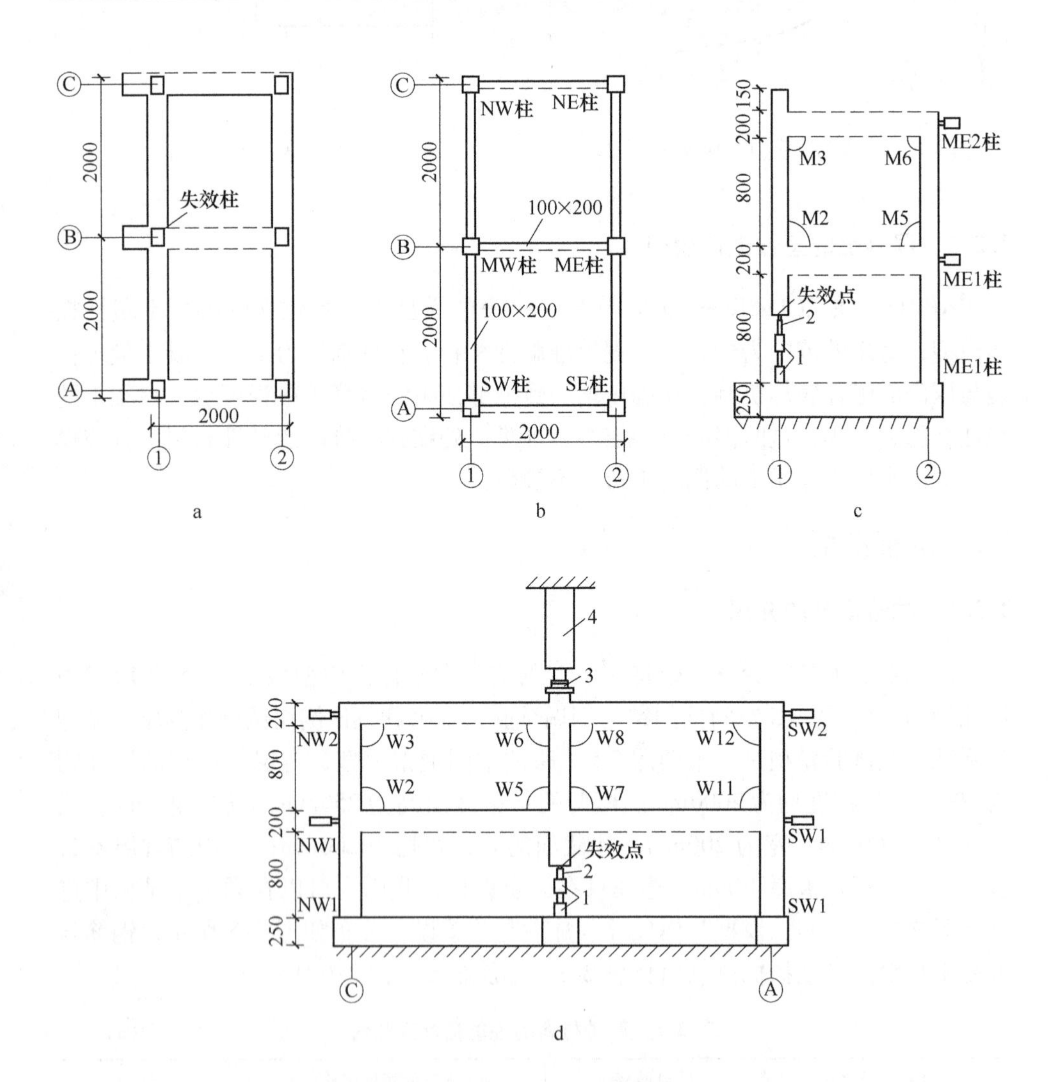

图 2-5　试验模型的结构尺寸、加载布置与传感装置图

a—结构首层示意图；b—结构二层示意图；c—B 轴剖面示意图；d—1 轴立面示意图

1—千斤顶；2—百分表；3—球形支座；4—加载千斤顶

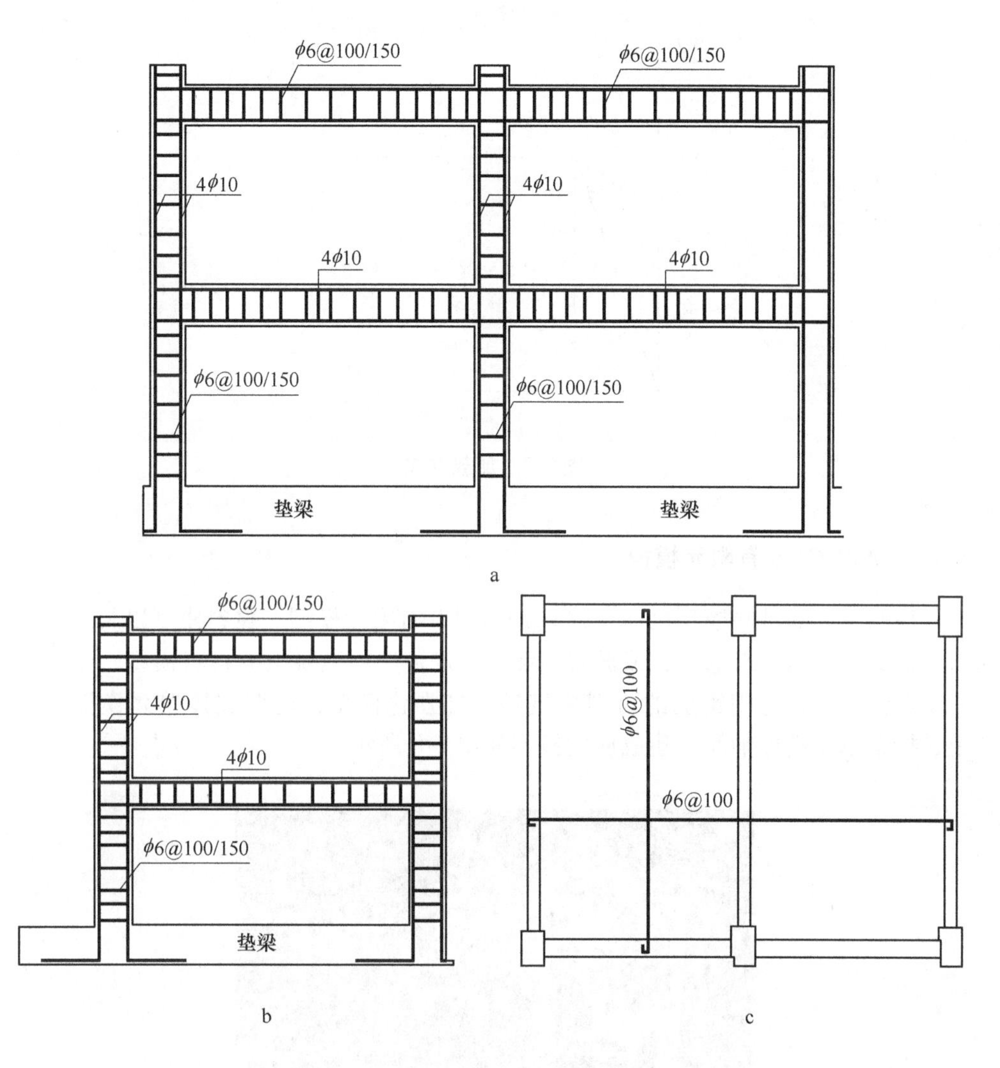

图2-6　钢筋布置图

a—沿着长轴方向；b—沿着短轴方向；c—板的钢筋布置图

该试验假设模型的底层长边中柱由于偶然荷载突然破坏，用千斤顶4对失效柱子施加向下的竖向荷载 P，来保证失效柱与其在实际结构中受到的荷载一致；整个失效柱的失效过程是通过安放在失效柱正下方的千斤顶的缓慢回落来实现的。图2-7所示为结构的加载方式。对结构的竖向加载分为两个阶段：第一阶段为荷载增加阶段，在 $0 \sim t_1$ 时刻，荷载以非常缓慢的速度增加到138kN；第二阶段为荷载维持阶段，荷载在达到138kN之后维持不变直到结构完全被破坏为止。

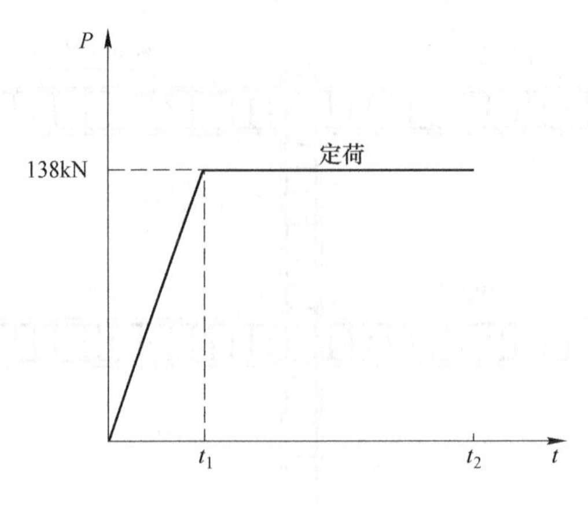

图 2-7　加载方式

2.3.2　ABAQUS 有限元模拟

按照上节的试验模型尺寸，建立 ABAQUS 有限元模型。材料模型以及单元类型根据 2.2 节内容来选取，依据我国混凝土规范选用混凝土的材料模型，考虑混凝土塑性损伤，选用钢筋的材料模型是弹性强化模型；选取实体单元模拟混凝土、桁架单元模拟钢筋。建成后的模型如图 2-8 所示。

图 2-8　ABAQUS 框架模型

ABAQUS 模拟采用静力分析，在模拟分析中设置两个分析步：第一个分析步在框架结构上施加重力荷载；第二个分析步在中柱上逐渐施加位移荷载，直到框架结构破坏试验结束。

2.4 模拟结果与试验结果对比

2.4.1 最终破坏形态的对比

图 2-9 是 ABAQUS 模拟最终破坏结果与试验结果的对比。

a

b

图 2-9 试验模型与计算模型最终破坏形态
a—试验模型；b—计算模型

通过图 2-9 试验模型与计算模型的对比，发现板的塑性区域的大小及位置很相似，试验中的失效柱破坏时的竖向位移为 323. 1mm，而模拟中的失效柱破坏时的竖向位移为 350mm，误差为 8. 3% 在允许的偏差范围内。塑性铰的出铰部位与塑性铰的发展情况说明：试验模型和数值模型最终的破坏形态相似，均在缺损柱的周围梁端出现了塑性铰，梁内钢筋屈服，外层的混凝土被压碎。而这些梁的远端也出现了塑性铰，柱底也出现塑性铰。从破坏现象对比，可以发现模拟结果符合试验现象。

图 2-10 为楼板在各个破坏阶段的形态。由图 2-10 可以看出，楼板在外推阶段应力很小，荷载主要由梁承担。随着竖向位移的增大，结构进入内收阶段，在内收阶段板内形成了一个应力环（在这个环上的应力最大）。当进入破坏阶段时，应力环的位置形成了最终的坍落区的边缘。在坍落区的边缘板顶部的混凝土因开裂而失效，且裂分开展的比板的其他地方都要大。

2.4.2 结构损伤指数 *D* 的框架侧移的对比

根据试验图 2-11 可以看出，曲线有两个显著的拐点，被划分成三个阶段，分别为：第一个阶段，结构的内拱机制阶段（即结构外推）；第二个阶段，结构的悬链机制阶段（即结构内收）；第三个阶段，结构达到破坏临界点发生倒塌破

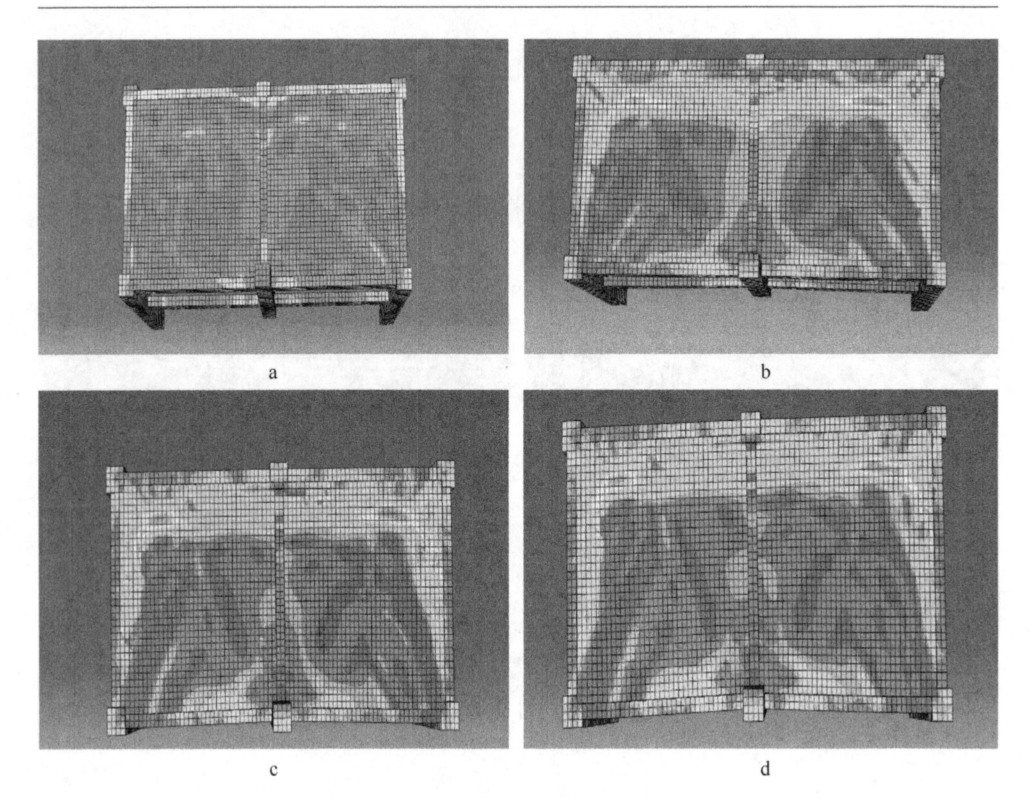

图 2-10 楼板在各破坏阶段的形态

a—外推阶段的应力云图；b—内收阶段的应力云图；
c—临界破坏点的应力云图；d—破坏阶段的应力云图

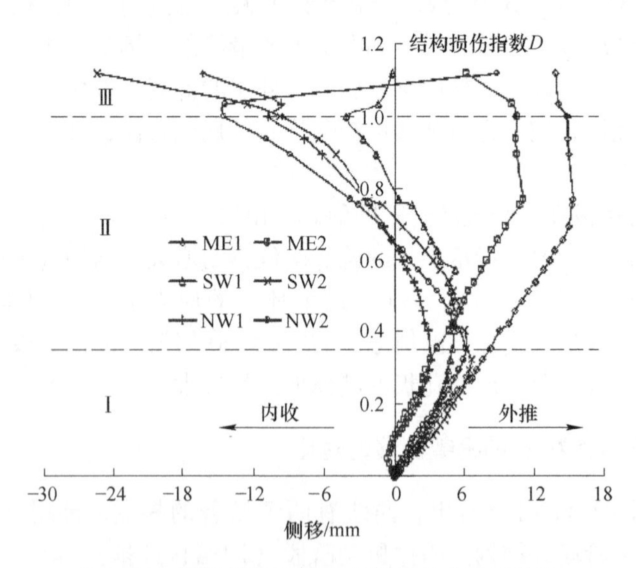

图 2-11 结构损伤指数 D-框架侧移曲线试验图

坏。倒塌是以多骨诺米式的模式发生的。根据倒塌的三个阶段，把横坐标轴的正负分别定义为外推阶段和内收阶段的侧移值，纵坐标轴为结构缺损柱的瞬时竖向位移与倒塌临界点的竖向位移的比值，即结构损伤指数 D。图 2-12、图 2-13 为考虑结构损伤指数 D 的框架柱水平位移的试验值与模拟值对比图，对比的详细内容见表 2-2。

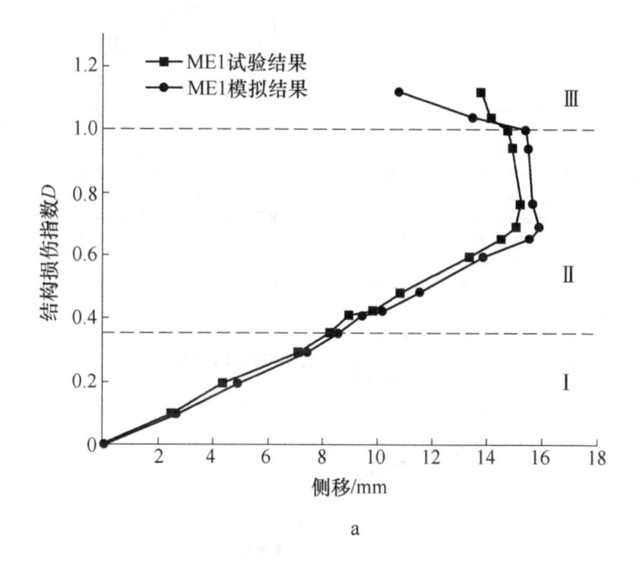

a

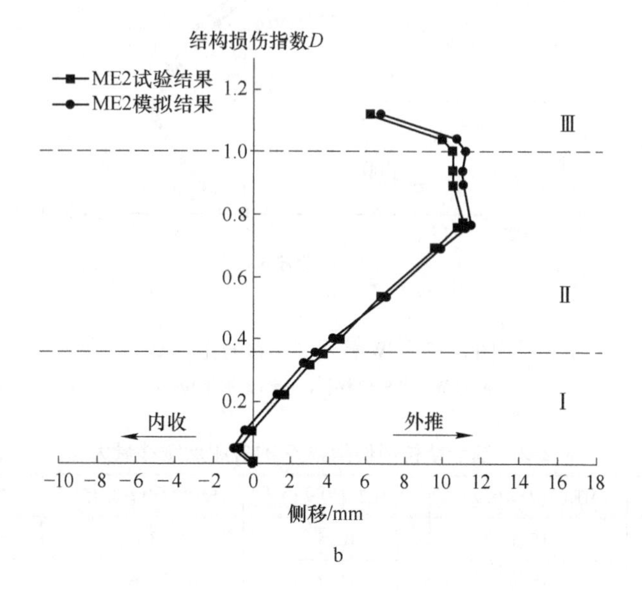

b

图 2-12　ME 柱水平位移的比对图

a—ME1 水平位移；b—ME2 水平位移

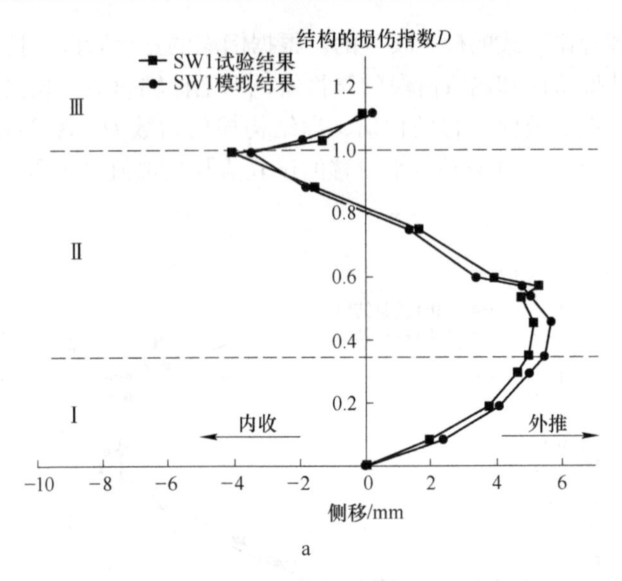

a

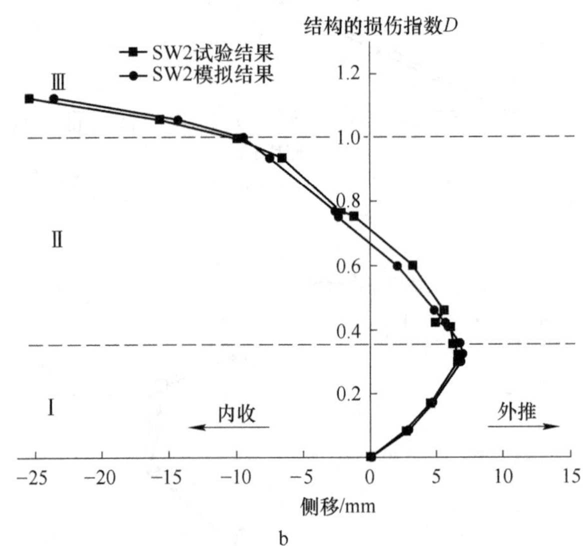

b

图 2-13　SW 柱水平位移的比对图

a—SW1 水平位移；b—SW2 水平位移

表 2-2　基于结构损伤指数 D 的各测点侧移最大值

项目	ME1（D=0.7）	ME2（D=1）	SW1（D=0.45）	SW2（D=0.6）
试验结果/mm	15.1	10.5	5.1	3.3
模拟结果/mm	15.9	11.2	5.6	3
误差/%	5.3	6.7	8.9	−9.1

注：百分比为负值表示模拟值比试验值小。

由图2-12、图2-13、表2-2可以得出，各个测点侧移模拟值与试验值很接近，通过非线性的数值模拟分析可以较好地计算出试验模型在三个阶段的侧移值。通过图2-12可以得出，数值模拟值ME1与它所对应的试验值在$D=0.7$时偏差最大（为5.3%），模拟值ME2与它所对应的试验值在$D=1$时偏差最大（为6.7%），位移变化趋势与数值都很吻合。其中，ME1与ME1在倒塌阶段的偏差比较大的原因是ME1点在倒塌阶段的试验数据没有采集上。由图2-13可以得出，数值模拟值SW1与它所对应的试验值在$D=0.45$时偏差最大（为8.9%），模拟值ME2与它所对应的试验值在$D=0.6$时偏差最大（为-9.1%），位移变化趋势与数值都很吻合。数值模拟值与试验测试值有一定的偏差，这主要是由于计算误差、测试的误差等很多方面的因素影响的结果。可以认为数值模拟结果比较符合试验情况，所得计算结果可靠，接近真实结果。

2.4.3　倒塌的三个受力阶段的对比

图2-14～图2-16为试验模型与计算模型在三个受力阶段发展情况的对比。

a

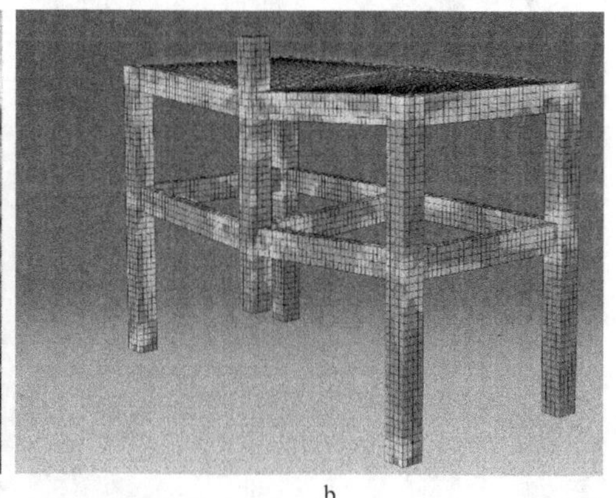

b

图2-14　外推阶段

a—试验模型；b—计算模型

图2-14～图2-16对比表明，计算模型的结构在倒塌之前与试验模型的一样，也是结构破坏先进入内拱机制阶段；之后由于失效柱向下位移增大，当位移增大到梁开始受拉时，结构进入悬链机制与梁机制共同作用的复合机制；最后，由于梁的纵筋被拉断或者结构板的分布钢筋拉断而达到倒塌临界点使结构发生倒塌。通过上述对结构倒塌发展的各个阶段对比，发现数值模拟与试验的现象基本符合，证明了数值模型可以较精准模拟倒塌过程，形象地表现出各个阶段的特征。

a

b

图 2-15　内收阶段

a—试验模型；b—计算模型

a

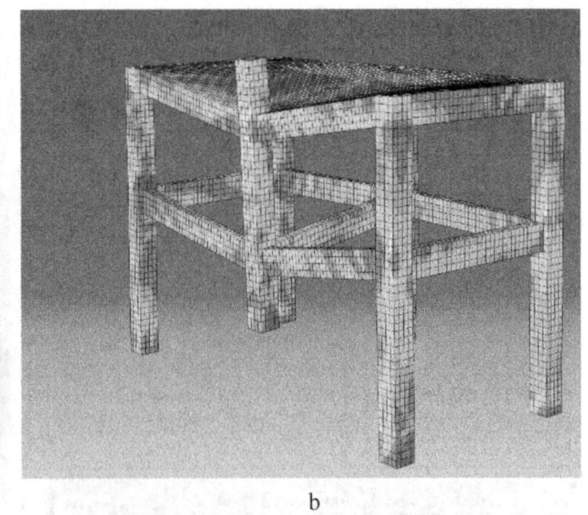

b

c

d

图 2-16　倒塌阶段

a—试验模型的倒塌破坏点；b—计算模型的倒塌破坏点；

c—试验模型的倒塌阶段；d—计算模型的倒塌阶段

2.4.4 结构损伤指数 D 的框架柱底应变的对比

图 2-17 所示为考虑结构损伤指数 D 柱底应变的试验值与模拟值对比。由图 2-17 中曲线的趋势发现，模拟与试验的框架柱柱底应变曲线的趋势基本相同，三个阶段发展变化规律很明显，符合结构的实际倒塌发展情况。

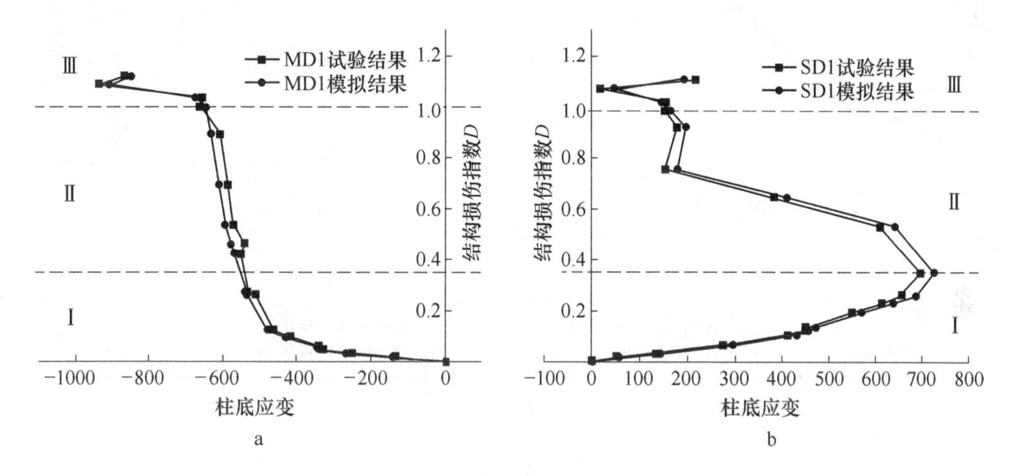

图 2-17 框架柱柱底应变曲线对比图

a—框架柱 ME 的底部应变曲线；b—框架柱 SW 的底部应变曲线

由图 2-17a 中的数值可以得出，模拟值与试验值最大差值在 $D=0.46$ 处为 6.8%。图 2-17b 中，模拟值与试验值最大差值在 $D=0.36$ 处为 4%，说明计算模拟结果比较准确。

2.4.5 结构损伤指数 D 的梁柱转角的对比

图 2-18 为各个测点试验值与模拟值的对比图。详细的数据见表 2-3。

表 2-3 基于结构损伤指数 D 的各测点梁柱转角最大值

项目	M3（$D=0.75$）	M5（$D=0.76$）	M6（$D=0.77$）	W11（$D=0.75$）	W12（$D=0.76$）
试验值/mm	14.9	-9.7	-13.4	13.8	-9.7
模拟值/mm	15.6	-8.8	-12.3	15	-8.9
误差/%	4.7	-9.3	-8.2	8.7	-8.3

注：百分比为负值表示模拟值比试验值小。

通过对梁柱转角和结构损伤指数 D 关系曲线的对比发现，在整个倒塌过程中，梁柱夹角均基本按照按线性趋势增加；近似成线性关系发展，在 $D>1$ 时，由于节点处钢筋已经屈服，进入强化阶段，塑性铰转变为机械铰，塑性发展迅

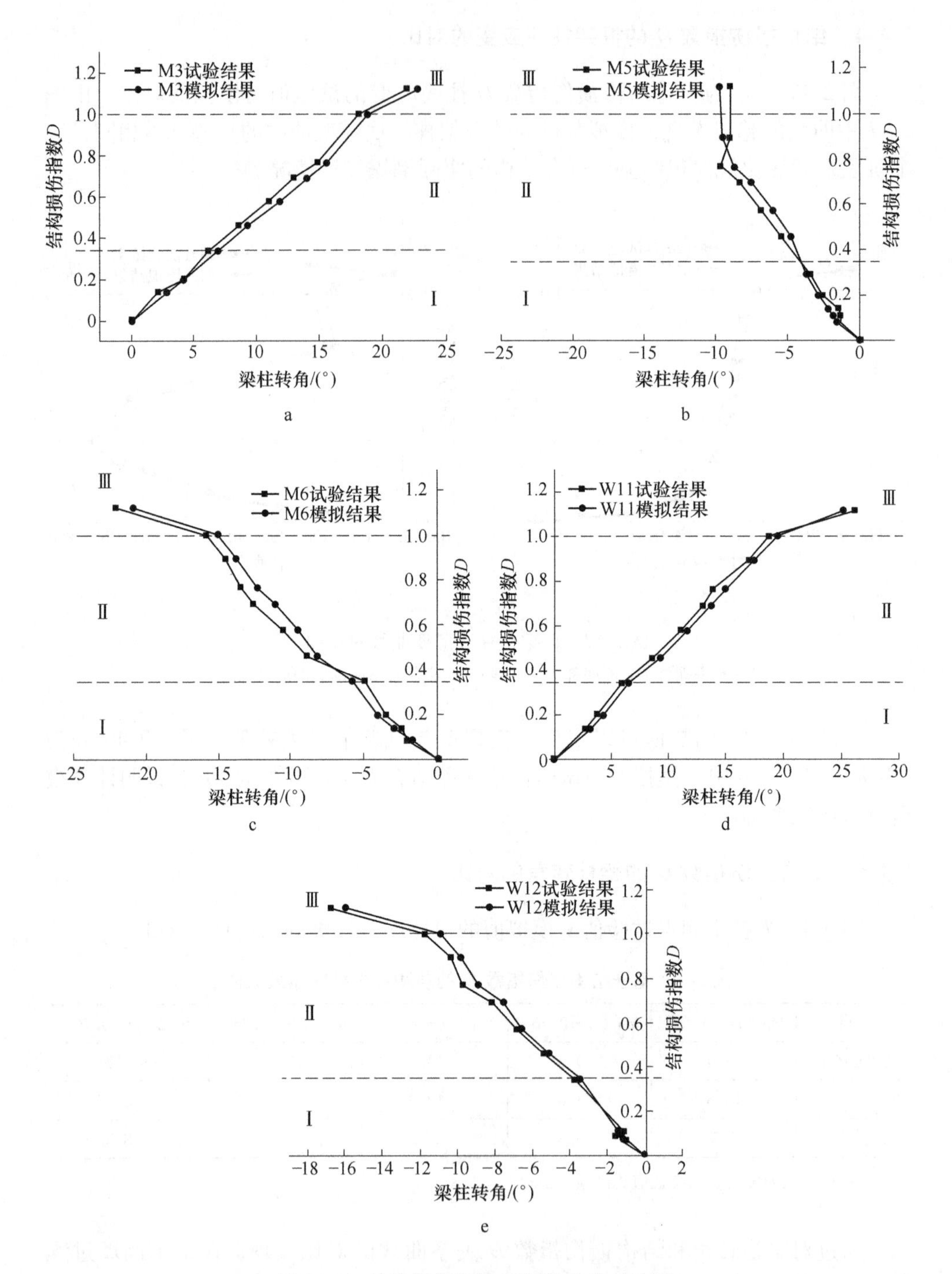

图 2-18　结构损伤指数 D-梁柱转角对比图

a—转角 M3；b—转角 M5；c—转角 M6；d—转角 W11；e—转角 W12

速，因此转角均有突变的发展趋势。在图 2-18a、b、c、d、e 中数值模拟的最大误差分别为 4.7%、-9.3%、-8.2%、8.7%、-8.3%，数值模拟结果贴近实验测试结果，能够准确模拟梁柱夹角的变化规律。

总之，通过对最终破坏形态、框架侧移、倒塌的三个受力阶段、柱底应变和梁柱夹角的对比分析来看，在弹性阶段、弹塑性阶段和塑性阶段的数值模拟结果与试验实际情况相吻合。采用图形和数据相结合的方法进行对比研究，能够较准确得到对比结论。数值模型和试验模型差别很小，模拟方法可靠。

2.5 本章小结

在倒塌试验模拟分析基础上，分别建立考虑楼板与不考虑楼板作用的 RC 框架模型，拆除底层长边中柱，对比分析楼板对结构连续倒塌的破坏形态、内力、变形、塑性铰等的影响；通过对比以及对试验过程中结构的变形分析，可以看出模拟的结果与试验的结果吻合得很好，可以在之后的分析中利用该单元建立有限元模型进行分析。

3　楼板在 RC 框架结构连续倒塌中的作用分析

3.1　概述

楼板是 RC 框架结构不可或缺的构件，主要在结构中起到承受和传递荷载的作用，在结构的抗连续倒塌中扮演着非常重要的角色。但是在结构设计中，常常为了简化结构计算问题往往不考虑楼板对结构的影响。不考虑楼板主要有两种原因：（1）建立有限元模型，如果考虑结构的全部情况计算时间成本会很高。（2）在结构的连续倒塌中楼板可以提高结构的抗力，分析时忽略楼板作用可以使结构偏于安全。然而，在 RC 框架结构的抗倒塌设计中忽略楼板的作用会造成材料的很大浪费。

本章研究楼板在 RC 框架结构连续倒塌中的作用机理，分别研究有、无楼板的框架结构在底层长边中柱发生失效之后结构的响应，进一步明确楼板对 RC 框架结构破坏机理的影响。

3.2　建立 RC 框架结构模型

本节研究的第一个模型与第 2 章的 RC 框架结构模型的基本相同，唯一不同的是本节研究的是两层纯框架结构模型。模型为一个两层 2 ×1 跨的空间框架模型，首层与二层的层高均为 1000mm，跨度均为 2000mm；模型的梁截面高为 100mm、宽为 200mm，柱截面的高、宽均为 200mm。第二个模型也是以第 2 章的 RC 框架结构为基础的两层均有楼板的框架结构模型，板厚度为 40mm，在空间框架结构模型中按实际情况建立楼板。梁、柱的截面尺寸与第一个模型的相同。位移的测点位置也与第 2 章的模型相同，模型结构尺寸、加载与传感设备分布如图 3-1 所示。

模型的建模过程与第 2 章完全相同，建立无楼板的框架结构模型与两层均有楼板的框架结构模型，加载方式与第 2 章的加载方式相同，如图 3-2 所示。

本章分别在无楼板的框架和有楼板的框架中考虑拆除底层的长边中柱，来模拟空间框架结构发生连续倒塌的静力效应，分析空间框架结构抗连续倒塌的性能。

按照美国规范，RC 框架结构可以承受的最大程度的倒塌为：外柱失效柱上跨度范围内楼板破坏范围为不大于 $75m^2$ 与楼层破坏面积不大于 15% 中的较小值。

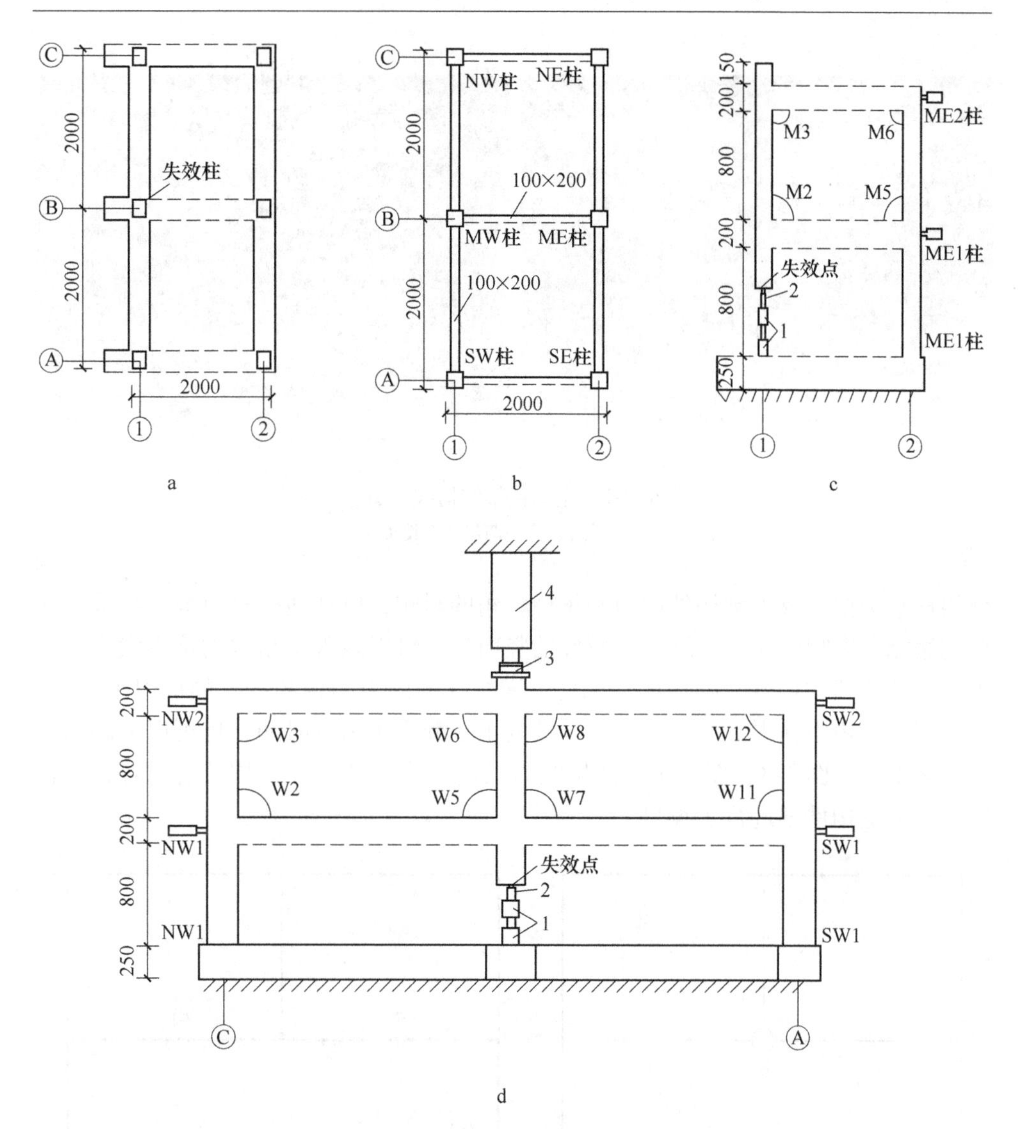

图3-1 模型的结构尺寸、加载布置与传感装置分布图

a—结构首层；b—结构二层；c—B轴剖面；d—1轴立面

1—千斤顶；2—百分表；3—球形支座；4—加载千斤顶

对于本章的模型来说：在关键柱失效之后，相邻开间内的构件相继失效，结构倒塌的范围超出了以上美国标准的规定，这时可以断定框架结构已经发生了连续倒塌破坏。

3.3 楼板在RC框架结构连续倒塌中的作用分析

本节主要研究楼板对框架结构的破坏过程、失效柱的竖向位移与失效柱相邻

a

b

图 3-2　空间框架结构破坏图
a—无楼板；b—两层都有楼板

框架柱水平位移及关键构件内力和梁柱转角的影响，以评估楼板对框架结构抗连续倒塌能力影响的大小。结构失效柱的竖向位移可以表现出结构的抗力大小，反映结构抗连续倒塌能力的直接指标是关键构件的内力是否超过它的极限承载力。当底层的长边中柱失效后，会影响梁铰的出铰顺序及出铰时间，也可以反映结构的破坏形态。图 3-3、图 3-4 中加粗线为长边中柱失效后关键构件的位置，并且对这些关键构件都进行了编号。

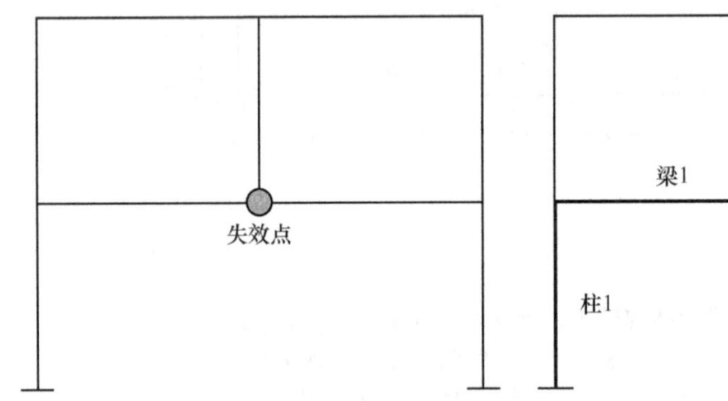

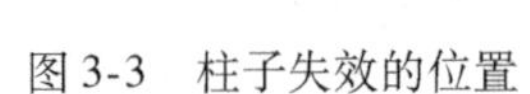

图 3-3　柱子失效的位置

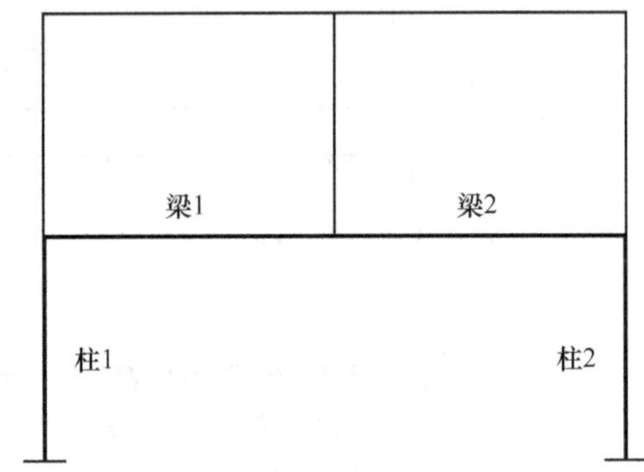

图 3-4　柱失效之后关键构件的分布图
（图中“ — ”表示的是关键梁，“ | ”表示的是关键柱）

3.3.1　楼板对 RC 框架结构的破坏过程的影响分析

图 3-5 是在 RC 框架结构中柱破坏之后，有、无楼板作用的 RC 框架失效柱在竖向荷载下竖向位移 - 结构抗力的关系曲线。

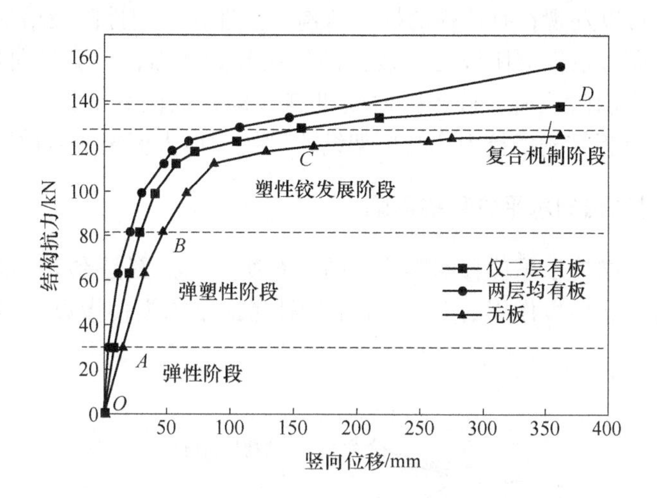

图 3-5 底层长边中柱失效时失效柱的荷载位移曲线

由图 3-5 可以看出：不管 RC 框架结构有、无楼板的作用，在柱子失效之后失效柱的荷载位移关系都分为四个阶段（图中只标出底层有板的情况），即弹性阶段（*OA* 段）、弹塑性阶段（*AB* 段）、塑性铰发展阶段（*BC* 段）、复合机制阶段（*CD* 段即结构的受力机制由梁机制转变为梁机制与悬链线机制共同作用，有板时，还应有板的薄膜机制）。当 RC 框架结构无楼板的影响时，结构失效柱的竖向位移达到最大值时的最大竖向荷载为 124. 9kN。当考虑两层都有楼板的影响时，底层长边中柱失效后结构失效点达到最大竖向位移的最大竖向荷载为 155kN，这相当于增大了不考虑楼板影响时最大荷载的 24. 06% 。

通过分析发现，长边中柱失效后，有两层楼板影响的结构失效柱的最大竖向荷载比无楼板影响的最大竖向荷载大 24% 左右，这个结果表明：楼板可以提高 RC 框架结构抗连续倒塌的能力，可以提高 20% 的结构承载能力，继而提高了结构的抗连续倒塌能力。

此外，纯框架结构的倒塌过程为：（1）当长边中柱先发生失效之后，本应该由失效柱承受的荷载就会通过与之相连的梁传递给其他的柱，当其他相邻的柱子可以承担失效柱传来的荷载，即传来的荷载没有使相邻柱达到其极限荷载时，这个阶段的结构处于弹性阶段与弹塑性阶段。在这两个阶段，由于失效柱的向下移动而使与之相连的梁也向下移动，但是相邻的柱子却阻止梁向下移动，这使得梁内产生很大的轴力，对框架柱产生向外推的趋势，即梁的内拱机制。（2）随着失效柱位移的增大，梁两端混凝土的拉压区不断地向梁的全截面发展，此阶段为塑性铰发展的阶段。（3）随着失效柱竖向位移的继续增大，梁内轴力由压力变为拉力，即梁开始受拉。这时结构承受的荷载由梁机制与悬链线机制共同承担，此阶段为复合机制阶段。

由图 3-5 可以发现，有楼板的框架结构在弹性、弹塑性阶段增加结构的抗力比较小，进入塑性铰发展阶段之后楼板的作用开始加强；随着竖向位移的增大，结构进入复合机制阶段时，楼板的薄膜机制（即钢筋的悬链作用）充分地体现出来（两层均有板结构的抗力比纯框架结构的抗力最大值至少增加了 20%）。

3.3.2　楼板对结构的水平位移的影响

楼板对框架结构水平位移的影响如图 3-6 所示，该图是在 RC 框架结构中柱破坏之后，有、无楼板作用的 RC 框架结构柱考虑结构损伤指数 D 的水平位移曲线对比图。

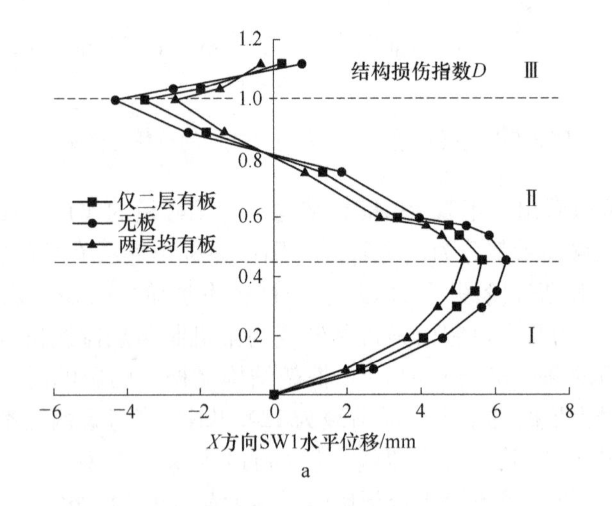

a

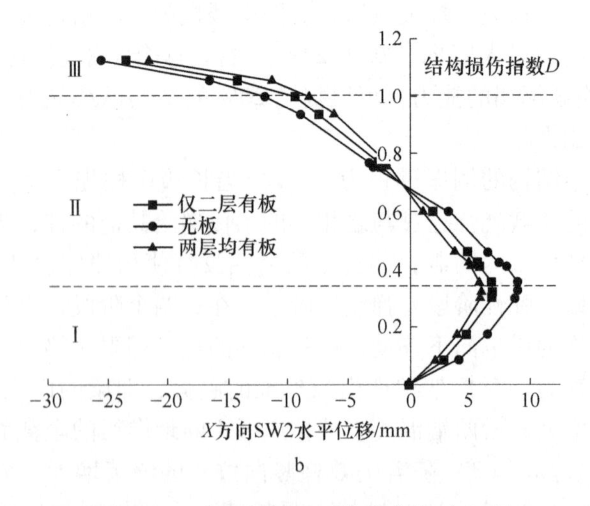

b

图 3-6　X 方向框架水平位移曲线对比图

a—SW1 水平侧移；b—SW2 水平侧移

表 3-1 为各测点基于柱的结构损伤指数 D 的水平位移最大值。

表 3-1　各测点基于柱的结构损伤指数 D 的水平位移最大值　(mm)

工　况	结构变形阶段	测点 SW1	测点 SW2	测点 ME1	测点 ME2
无楼板	外推	6.3	8.9	16.7	11.9
	内收	-4.3	-25.5	—	-1.4
仅二层有板	外推	5.6	6.9	15.9	11.5
	内收	-3.5	-23.5	—	-0.9
两层均有板	外推	5.1	5.8	14.8	11
	内收	-2.7	-21.4	—	-0.6

注：正值为框架柱往外侧移动，负值为框架柱往内侧移动。

从图 3-6a、b 以及表 3-1 中可以得出：(1) 当不考虑楼板作用时，随着失效柱竖向位移的增加，与其相邻的框架柱逐渐向外侧移动，SW1 最大位移达到 6.3mm，SW2 达到 8.9mm；(2) 当考虑两层楼板作用时，随着失效柱竖向位移的增加，与其相邻的框架柱向外侧的 SW1 最大位移仅达到 5.1mm，只相当于不考虑楼板时的 80%；SW2 最大位移仅达到 5.8mm，只相当于不考虑楼板时的 65%；(3) 当只考虑二层楼板时，SW1 最大位移为 5.6mm，SW2 最大位移为 6.9mm，其值居于以上两者之间。以上数据表明：楼板可以减小与失效柱相邻的纵向框架柱向外侧移的幅度，且 SW1 有板时比无板时向外侧移幅度减小了 20%，SW2 有板时比无板时向外侧移幅度减小了 35%，可见楼板在框架连续倒塌过程中限制了框架柱向外侧移，提高了结构的整体性，可以提高结构抗连续倒塌能力。

随着失效柱竖向位移的继续增加，与其相邻的框架柱逐渐向内侧移动，最终达到破坏 SW1 的无楼板内收最大位移为 -4.3mm；仅二层有板内收最大位移为 -3.5mm，与无楼板时相比减小了 18.6%；两层均有板内收最大位移为 -2.7mm，与无楼板时相比减小了 37.2%。

这个结果表明：楼板在框架结构连续倒塌中会影响结构的水平位移，且会减小结构沿纵向水平位移的幅度为 20% 左右。

另外，分析纵向框架柱向外侧移的主要原因是：纵向框架梁靠近失效柱一端承受的是正弯矩，当混凝土截面开裂之后中性轴随着往上移动，而梁的远离失效柱的一端却承受的是负弯矩，截面开裂之后中性轴随着往下移动。梁两端的截面转动中心不在同一条直线上，这样在梁内就会产生轴向压力，造成了向外推的趋势，导致纵向框架柱向外侧方向移动，也就是"拱作用阶段"，这是梁机制作用的重要体现。随着失效柱竖向位移的继续增大，当竖向位移增大到 65.3mm 时，纵向框架柱开始向内侧移，这表明在纵向框架梁内产生了轴向拉力，使纵向框架柱向内侧移，即在纵向框架梁内产生了很强的悬链线效应。

失效柱竖向位移与其他框架柱水平位移之间的关系如图 3-7 与表 3-1 所示，水平位移正值为框架柱往外侧移动，负值为框架柱往内侧移动。结合图 3-7、表 3-1 中数据显示：（1）无楼板作用时，横向框架柱外推的侧移 ME1 最大值为 16.7mm，ME2 外推与内收侧移最大值分别为 11.9mm 和 -1.4mm；（2）当两层均有楼板作用时，横向框架柱的外推侧移 ME1 最大值为 14.8mm，ME2 外推与内收侧移最大值分别为 11mm 和 -0.6mm，分别与不考虑楼板作用相比 ME1 向外侧移减小了 11%，ME2 向外侧移与向内侧移分别减小了 7.6% 和 57%；（3）当只考虑二层楼板时，横向框架柱外推的侧移 ME1 最大值为 15.9mm，ME2 外推与内收侧移最大值分别为 11.5mm 和 -0.9mm，分别与不考虑楼板作用相比 ME1 向外侧移减小了 4.8%，ME2 向外侧移与向内侧移分别减小了 3.4% 和 36%。

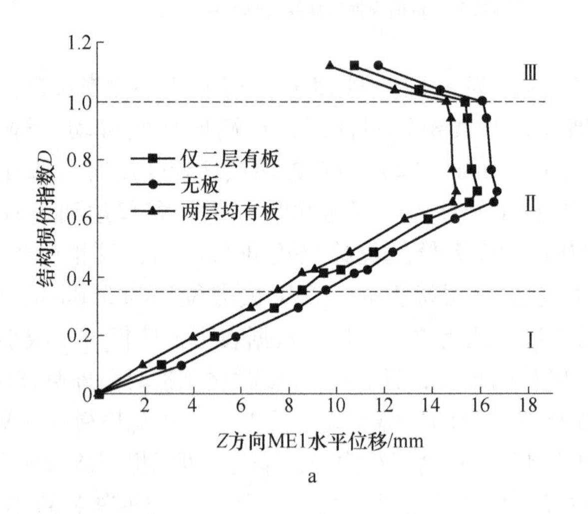

a

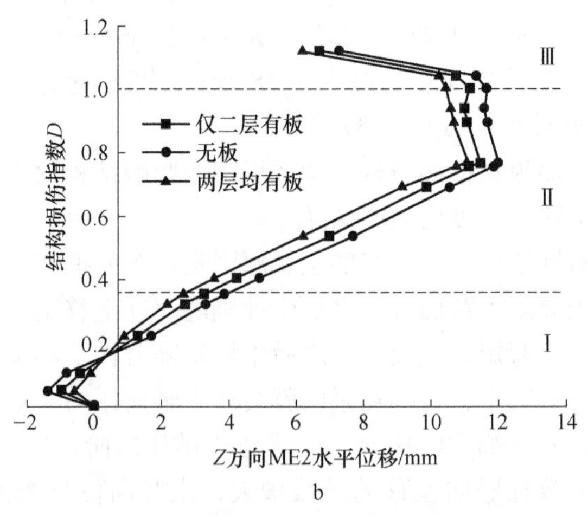

b

图 3-7　Z 方向框架水平位移曲线对比图

a—ME1 水平侧移；b—ME2 水平侧移

通过以上数据发现，横向框架柱 ME1 测点只有外推过程而没有内收过程，这是由于一层的横向框架梁在结构的整个受力过程中与悬挑梁类似，只存在塑性铰机制，而无悬链线机制作用。以上数据还表明：楼板对横向框架柱一层侧移的影响较小（两层均有板时最大减小了 11%），对横向框架柱二层向外侧移也仅减小了 7.6%，而对横向框架柱二层影响较大（两层均有板时最大减小了 57%）。总结分析得出：在框架结构连续倒塌中楼板对横向框架柱的向外侧影响较小，可以使结构横向框架柱的二层向内侧移减小至少 30%。

3.3.3　楼板对结构关键构件内力的影响

如图 3-8 所示，分别研究了 RC 框架结构在有楼板与无楼板影响时，底层长边中柱失效时图 3-4 中关键梁 2 的轴力、左端剪力、右端剪力、左端弯矩和右端弯矩。假设梁的轴力以受压为正、受拉为负，剪力以竖直向上为正、竖直向下为负，弯矩以使梁的上部受拉为正、梁的下部受拉为负。由于结构与荷载都对称，框架结构的关键梁发生破坏之后的变形及内力也是对称的，因此只选择框架结构的梁 2 来分析。详细数据见表 3-2。

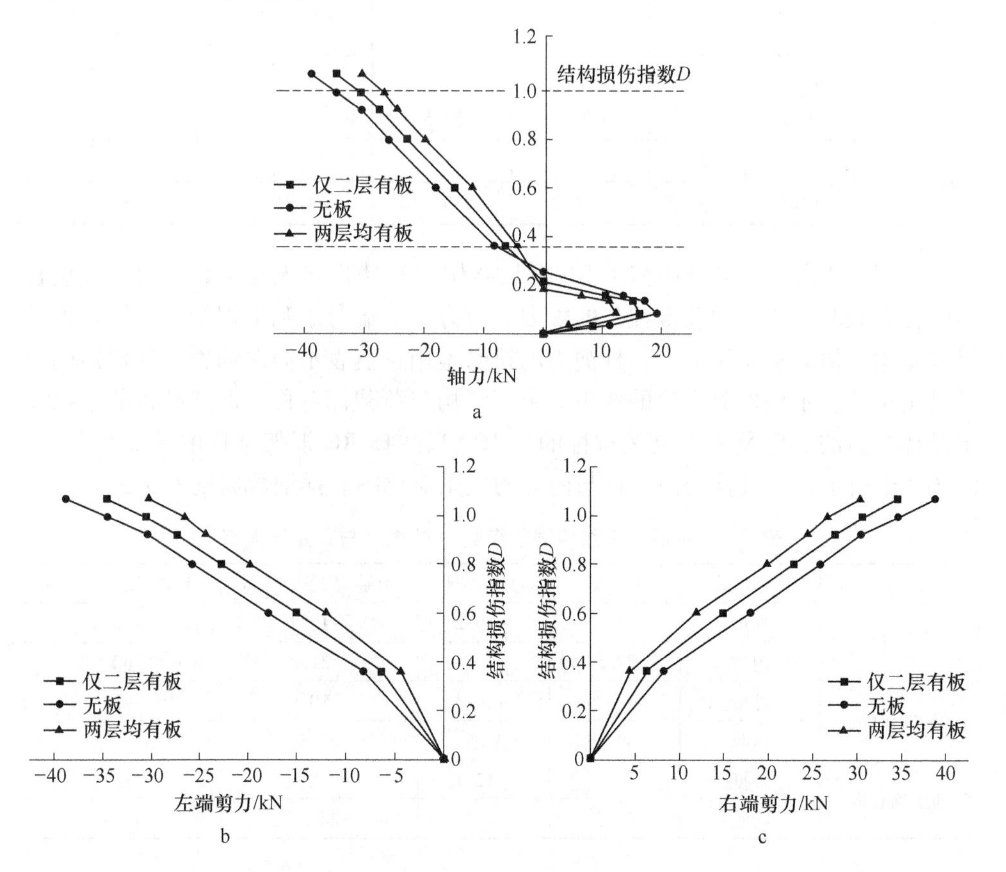

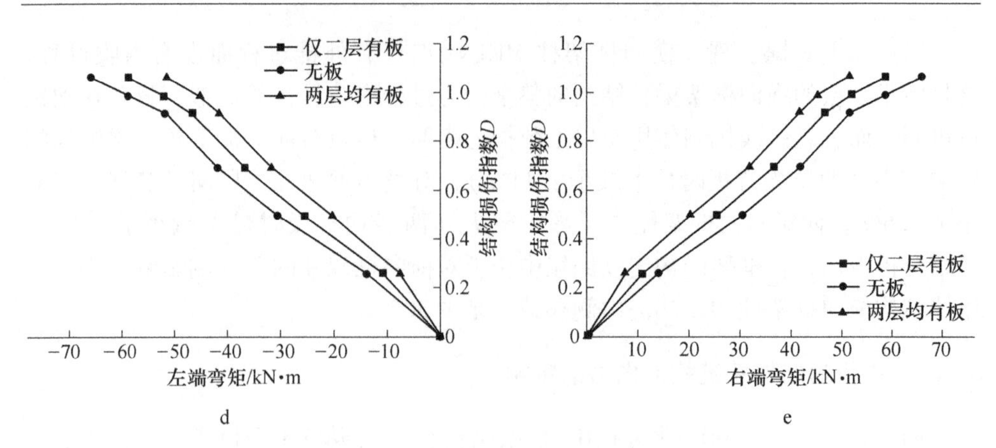

图 3-8　长边中柱失效时关键梁 2 内力对比

a—梁 2 轴力；b—梁 2 左端剪力；c—梁 2 右端剪力；d—梁 2 左端弯矩；e—梁 2 右端弯矩

表 3-2　关键梁 2 结构损伤指数 *D* 的内力与弯矩最大值

工　况	变形阶段	轴力/kN	左端剪力/kN	右端剪力/kN	左端弯矩/kN · m	右端弯矩/kN · m
无楼板	外推	19.2	—	—	—	—
	内收	-38.7	-38.8	38.7	-65.8	66
仅二层有板	外推	16.3	—	—	—	—
	内收	-34.5	-34.5	34.5	-58.7	58.7
两层均有板	外推	12.1	—	—	—	—
	内收	-30.2	-30.2	30.2	-51.4	51.4

如图 3-9 所示，分别研究了 RC 框架结构在有楼板与无楼板影响时，底层长边中柱失效时图 3-4 中关键柱 2 的轴力、剪力、上端弯矩和下端弯矩。柱轴力的符号是用正值表示受压的力，柱剪力的符号是用正值表示向左的力，柱弯矩的符号是用正值表示柱外侧受拉的弯矩。由于结构与荷载都对称，框架结构的中柱发生破坏之后的变形及内力也是对称的，因此只选择 RC 框架结构的柱 2 来分析。图 3-9 中所示为失效柱竖向位移与内力的关系对比图。详细数据见表 3-3。

表 3-3　关键柱 2 结构损伤指数 *D* 的内力与弯矩最大值

工　况	变形阶段	轴力/kN	剪力/kN	上端弯矩/kN · m	下端弯矩/kN · m
无楼板	外推	—	-19.2	-13.4	-26.8
	内收	77.5	38.8	31	62
仅二层有板	外推	—	-16.3	-10.9	-22
	内收	69.1	34.5	27.6	55.3
两层均有板	外推	—	-12.1	-7.8	-15.6
	内收	60.5	30.3	24.2	48.4

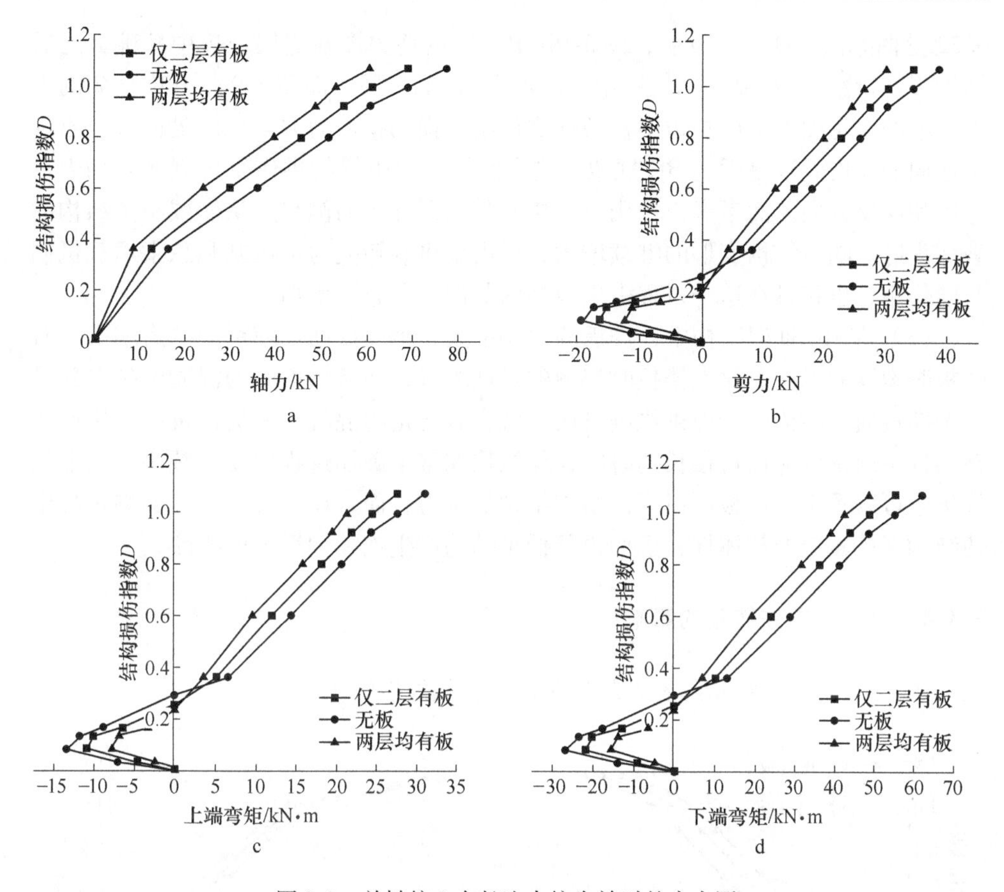

图 3-9 关键柱 2 在长边中柱失效时的内力图
a—柱 2 轴力；b—柱 2 剪力；c—柱 2 上端弯矩；d—柱 2 下端弯矩

对于两层均有板、仅二层有板以及无楼板的 RC 框架结构内力的情况，分析图 3-8、图 3-9、表 3-3 可以发现：

（1）梁 2 考虑两层都有楼板影响后的轴力最大值与不考虑楼板时相比减小了 28.1%，左端的弯矩最大值减小了 30.4%，右端的弯矩最大值减小了 27.3%，左端的剪力最大值减小了 22.7%，右端的剪力最大值减小了 24.1%。柱 2 考虑两层楼板影响后的剪力最大值与不考虑时相比减小了 28%，上端的弯矩最大值减小了 26.2%，下端的弯矩最大值减小了 31.6%。

以上数据表明，不考虑楼板作用时梁的抗弯承载力和抗弯刚度较低；而考虑楼板影响之后，由于板替梁分担了一部分承载力，使得梁的抗力与不考虑楼板影响时梁的抗力相比有很大的提高。这就说明，根据我国结构设计规范设计的 RC 框架结构忽略楼板作用，低估了楼板对抗连续倒塌的能力。

（2）图 3-8a 中梁 2 的轴力图在底层长边中柱破坏之后结构损伤指数为 $D=$

0.22 处曲线出现逆向的发展；图 3-9b 中柱 2 的剪力图在底层长边中柱破坏之后结构损伤指数为 $D=0.22$ 处曲线也出现了逆向的发展；而图 3-9c、d 中柱 2 的上下两端的弯矩图在底层长边中柱破坏之后结构损伤指数为 $D=0.22$ 处曲线也出现了逆向的发展。这是因为 RC 框架结构在倒塌过程中梁的拱作用机制使得轴力及弯矩朝向反方向。而考虑板作用时，楼板限制了柱子的侧移，从而减小了结构的破坏程度。随着结构变形的继续增大，梁由梁机制转换为梁机制和悬索承载机制共同作用，也正是在这个过程中失效柱的竖向位移急剧增加。

（3）在 RC 框架结构中，楼板的存在增大了梁的截面，使梁的抗力增大。有楼板时裂缝的发展要比无楼板时裂缝的发展缓慢，而且梁表面的混凝土裂缝并没有全部贯通。在梁处于内拱机制阶段，就会有充足的混凝土来提供抗力，也使梁在结构中内拱效应保持很长的时间，使结构在整个破坏过程中变形减小。从上述分析中可以看出，楼板不但可以增加结构的抗力，而且还在整个连续倒塌过程中使结构保持一定的整体性，因而也降低了结构产生连续倒塌的可能性。

3.3.4　楼板对梁柱转角的影响

图 3-10 为梁柱转角随着失效柱竖向位移的发展情况。

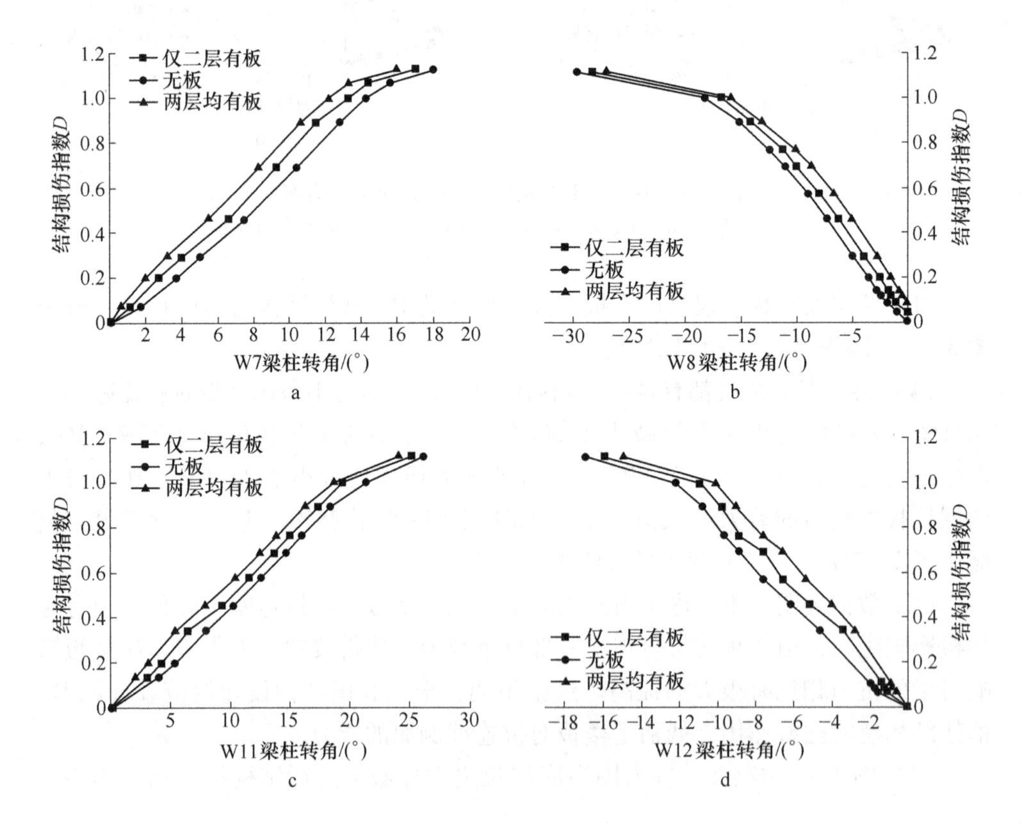

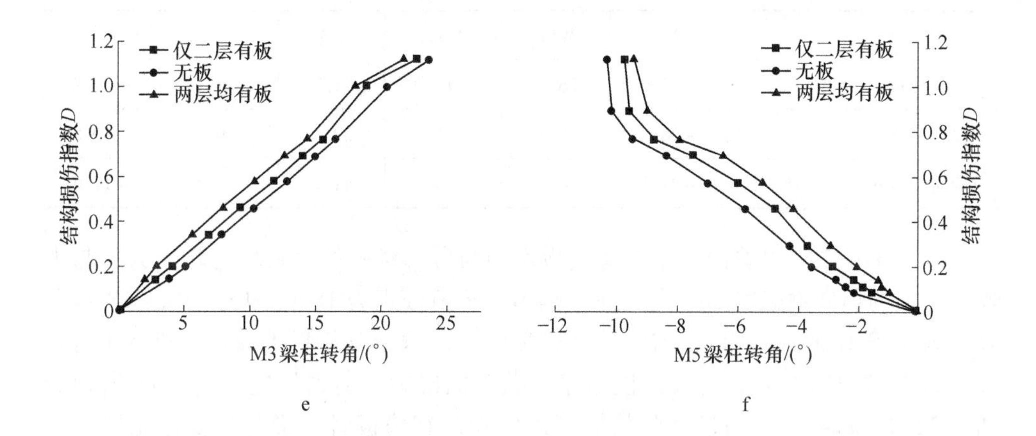

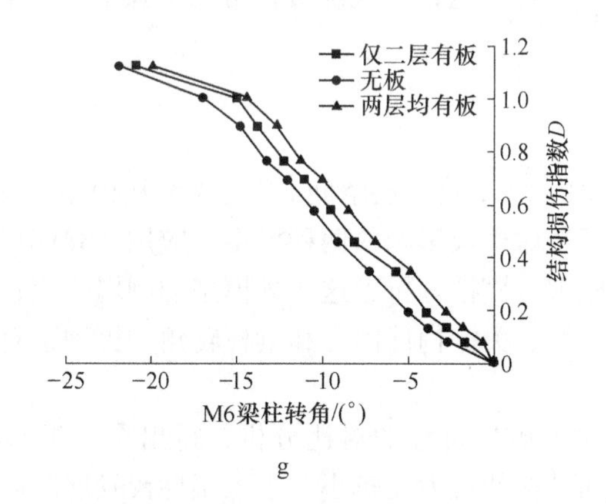

图3-10 塑性铰对比图

a—W7梁柱转角；b—W8梁柱转角；c—W11梁柱转角；d—W12梁柱转角；
e—M3梁柱转角；f—M5梁柱转角；g—M6梁柱转角

由图3-10看出：不考虑楼板作用时，直线的斜率（包括负斜率）比较小，梁柱转角的发展比较迅速；只考虑二层楼板作用时，斜率居中，梁柱转角发展比不考虑楼板作用时缓慢；考虑两层都有板时，斜率最大，塑性铰发展最缓慢。趋势为先是与失效柱相邻的纵向框架梁靠近失效柱一端的底部钢筋达到屈服，其次是与失效柱相邻的横向框架梁靠近失效柱一端的底部钢筋达到屈服，然后是与失效柱相邻的纵向框架梁远离失效柱一端的顶部钢筋达到屈服，最后是与失效柱相邻的横向框架梁远离失效柱一端的顶部钢筋达到屈服。1层、2层梁钢筋基本上是同一时间达到屈服，详细数据见表3-4。

表 3-4　结构损伤指数 D 的最大梁柱转角　　(°)

工　况	W7	W8	W11	W12	M3	M5	M6
无楼板	18.7	-29.6	26.2	-16.9	23.7	-10.3	-21.9
仅二层有板	17.1	-28.3	25.7	-15.7	22.3	-9.7	-19.8
两层均有板	16.3	-27.1	24.3	-14.3	21.7	-9.4	-17.4

从表 3-4 中可以看出，不考虑楼板作用与考虑楼板作用破坏时转角为：与失效柱相邻的纵向框架梁靠近失效柱一端 W7 转角分别为 18.7°和 16.3°，W8 转角分别为 -29.6°和 -27.1°；与失效柱相邻的横向框架梁靠近失效柱一端 M3 转角分别为 23.7°和 21.7°；与失效柱相邻的纵向框架梁远离失效柱一端 W11 转角分别为 26.2°和 24.3°。通过这些数据可以发现，有楼板时的梁转角要比无楼板时梁转角要小，即梁铰因楼板而出现推迟的现象，不同结构（仅二层有版、两层均有板）推迟的程度不一样。这说明现浇楼板可以增强结构的整体性，对结构的抗连续倒塌是有利的。

3.4　本章小结

本章以一个简单的 2×1 跨两层空间 RC 框架结构模型为分析对象，分别建立了考虑楼板影响与不考虑楼板影响的两种模型，应用 ABAQUS 有限元软件对拆除底层中柱进行数值模拟，模拟分析了这两种模型的倒塌响应；分析了有、无楼板的竖向位移与水平位移、关键构件内力和梁柱转角，得到了对框架结构抗连续倒塌的一些认识。

（1）通过对结构的破坏过程的对比分析，得出有楼板参与的框架结构在弹性、弹塑性阶段增加结构的抗力比较小，进入塑性铰发展阶段之后楼板的作用开始加强，随着竖向位移的增大，结构进入复合机制阶段时，楼板的薄膜机制充分地体现出来（两层均有板结构的抗力比纯框架结构的抗力最大值至少增加了 20%）。

（2）当考虑楼板作用时，失效柱在同样加载情况下达到同样的竖向位移的抗力明显增大，与失效柱相邻的纵向框架柱外推与内收的水平位移都减小很多（外推水平位移减少最小值为 20%，内收水平位移减少最小值为 18.6%）。因此，楼板可以大大提高结构的抗力与刚度，增加结构的整体性，提高了结构的抗连续倒塌的能力。

（3）在 RC 框架结构中，楼板的存在增大了梁的截面，使梁的抗力增大。有楼板时裂缝的发展要比无楼板时裂缝的发展缓慢，而且梁表面的混凝土裂缝并没有全部贯通。在梁处于内拱机制阶段，就会有充足的混凝土来提供抗力，也使梁在结构中内拱效应保持很长的时间，使结构在整个破坏过程中变形减小。我国现行规范中，如果在设计框架结构时能够计算出楼板的具体作用，则结构计算就不会很保守，这样可以减少材料的浪费。

（4）考虑楼板作用时，梁柱的转角明显的要比同一时间测点不考虑楼板作用的转角小。这说明，现浇楼板的存在可以推迟梁铰的出现，改善结构的抗连续倒塌性能。

4 楼板抗连续性倒塌效应的分析

4.1 概述

随着科学技术的飞速发展，建筑结构的形式也变得多样化与复杂化，这就要求在设计上加强结构的安全性。在现阶段的结构设计主要是通过可靠度理论来对结构的进行概念性的安全设计，并且对整个 RC 框架结构进行分析研究，如目前最常见的对风的研究与对结构抗震的研究等。然而，结构在正常的使用过程中难免会遇到像撞击、地震等突发荷载，使结构构件发生失效。目前结构极限能力研究的热点是怎样减轻结构局部构件破坏对整个结构的破坏响应，预防结构发生大范围的倒塌，进而使结构能够保持稳定，不造成连续倒塌。自英国的 Ronan Point 公寓的爆炸事件发生之后，许多国家已经对这次事件中暴露出来的关于倒塌的问题进行了 40 多年深入的研究。目前，在许多国家已针对结构抗连续倒塌设计制定了很多标准和规范，美国的两部很有影响的规程 GSA2003 与 DoD2005，比较综合地规定结构抗连续倒塌方面的设计流程和方法。

我国在结构抗连续倒塌方面的研究开始较晚，在现行结构设计规范与标准中仅给出了抗连续倒塌的设计原则，未给出具体的结构设计方法。所以，文献［19］等在依据国外规范规定的设计程序的基础上采用先进的有限元程序，根据我国规范对结构进行抗连续倒塌设计，并对框架结构的抗倒塌性能进行重要的研究与评估，取得了很多非常重要的成果。无论是国内规范还是国外规范对结构抗连续倒塌能力进行分析时，都忽略了楼板的作用。而楼板（尤其是现浇楼板）作为结构的重要承载的平面构件，在横向和纵向两个方向都有较强的拉结作用，从而使结构的整体性得到提高。因此，楼板对结构的抗连续倒塌能力，有着重要的作用与贡献。然而，楼板对框架结构的薄膜效应是如何产生的？如何来计算楼板对 RC 框架结构抗力提高的多少？相关深入的研究还较为缺乏。王惠宾等提出的解析法对此进行了分析研究，提出了与之相关的计算公式，但是这种方法只是按照我国的规范把楼板作为梁的等效翼缘来处理，并未充分地考虑楼板在结构抗连续倒塌中的作用。本章对王惠宾提出的解析法进行改进，而且结合算例，采用非线性静力 Pushdown 的分析方法，与王惠宾的解析法所计算的结果对比，来验证改进后方法的适用性，为今后对 RC 框架结构抗连续倒塌楼板的设计提供参考。

4.2　考虑楼板双向受拉薄膜的RC框架结构抗连续倒塌机理分析

4.2.1　楼板抗连续倒塌的作用机制与抗力计算的基本假定

如图4-1所示，把单层带楼板RC框架结构作为研究的基础背景，假设RC框架结构柱C3由于偶然作用突然发生破坏。在框架柱C3发生破坏以后，荷载通过楼板和梁传递到底层的其他柱，其与之相邻的框架柱的内力增大。假如与之相邻的框架柱的承载力不足，那么这些框架柱就会相继发生破坏，最终使结构发生全面倒塌；如果其相邻框架柱能够承担增大的荷载（即框架柱不发生破坏），而和C3框架柱相连接的框架梁不能承担增加的力（即框架梁发生破坏），也可以使RC框架结构发生连续倒塌。本章主要对梁承载力不足的情形进行研究，并做出如下的假定：

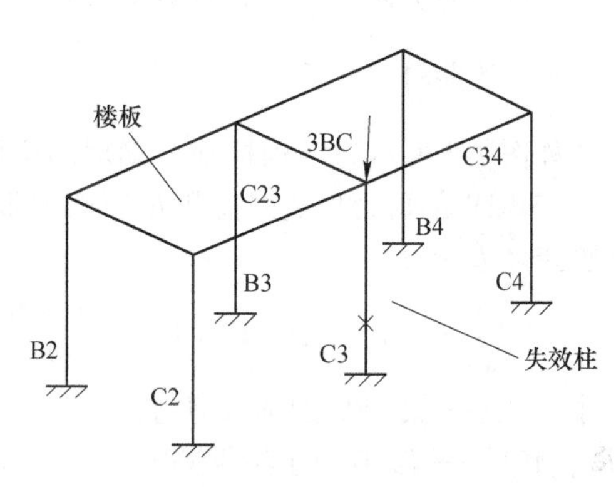

图4-1　分析模型

（1）框架结构的楼板的钢筋为双向受拉钢筋，只考虑楼板钢筋的拉结力，忽略板混凝土的拉压承载力以及楼板的刚度，混凝土板的钢筋分布不受变形影响。

（2）假设梁板是同时破坏的。

（3）假设框架结构梁端的塑性铰是同时出现的，塑性铰也是同时发生破坏的。虽然以上情况在工程应用中出现是很困难的，但是这样假定可以大大的简化模型，使复杂的问题简单化，同时计算结果与真实情况相差不大。

（4）如图4-2所示，假设结构梁为折线型的弯矩与转角关系，且在进入塑性铰发展阶段之后，铰的弯矩始终不发生变化，待铰发生失效之后，弯矩立刻就会变成零。

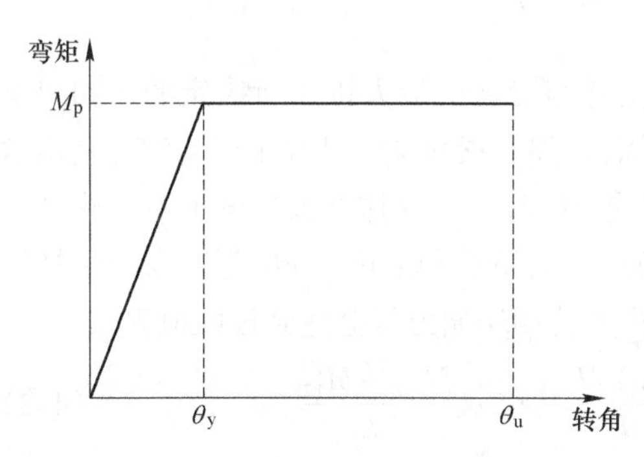

图4-2　弯矩－转角的关系

M_p—塑性铰弯矩；θ_y—刚形成塑性铰时的转角；θ_u—塑性铰极限转角

4.2.2　考虑楼板抗连续倒塌机制的结构抗力计算

考虑楼板抗连续倒塌机制的结构抗力计算分为两步：第一步，先计算纯框架中梁对结构抗连续倒塌的作用；第二步，将板考虑进入结构的计算中，最后得出整个结构的抗力计算公式。

4.2.2.1　梁的计算

梁的计算分两步：（1）计算梁机制；（2）计算梁的悬链线机制。

A　梁机制的计算

如图 4-3 所示为结构抗连续倒塌的梁机制，此时，通过梁（图 4-1 中 C23、C34、3BC）的剪力把竖向荷载 R 传给相邻的柱，由平衡条件得（假设纵横梁的计算跨度 L 相等）：

$$R = V_{\mathrm{T}} + V_{\mathrm{L}} = \frac{M_{\mathrm{T1}} + M_{\mathrm{T2}}}{L} + 2 \times \frac{M_{\mathrm{L1}} + M_{\mathrm{L2}}}{L} \tag{4-1}$$

式中　V_{T}——梁 3BC 的梁端剪力；

M_{T1}，M_{T2}——梁 3BC 的梁端弯矩；

V_{L}——梁 C23（C34）的梁端剪力；

L——梁的计算跨度；

M_{L1}，M_{L2}——梁 C23（C34）的梁端弯矩；

L——梁的计算跨度。

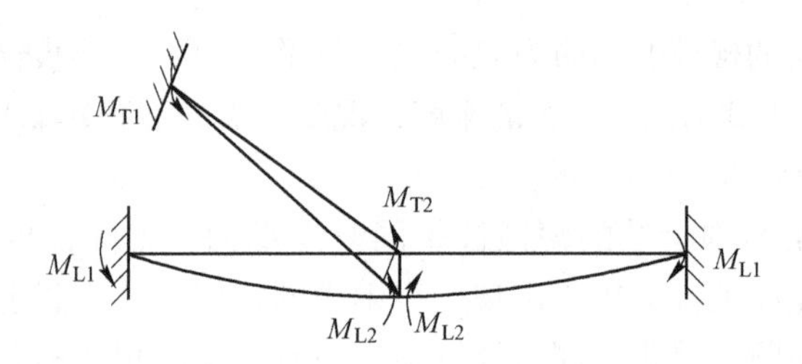

图 4-3　梁机制

梁机制抗力的最大值 R_{bu} 是由梁的受弯与受剪的最大抗力所决定的。如果梁受剪与受弯破坏相比较，哪种破坏较早时，那么梁机制抗力的最大值 R_{bu} 是由这种抗力来决定。然而，应该防止梁发生受剪破坏，因为这种破坏发生很突然（没有任何征兆，破坏是脆性的）。在各个梁端的截面弯矩 $M_{\mathrm{T}i}$、$M_{\mathrm{L}i}$ 都增大到塑性铰的弯矩 $M_{\mathrm{T}i\mathrm{P}}$、$M_{\mathrm{L}i\mathrm{P}}$ 时，那么梁机制所提供的抗倒塌能力就会达到极限值 R_{bu}：

$$R_{\mathrm{bu}} = V_{\mathrm{TP}} + V_{\mathrm{LP}} = \frac{M_{\mathrm{T1P}} + M_{\mathrm{T2P}}}{L} + 2 \times \frac{M_{\mathrm{L1P}} + M_{\mathrm{L2P}}}{L} \tag{4-2}$$

而梁的正截面受弯承载力计算公式为：

$$M \leqslant \alpha_1 f_{\mathrm{c}} bx\left(h_0 - \frac{x}{2}\right) + f'_{\mathrm{y}} A'_{\mathrm{s}}(h_0 - a'_{\mathrm{s}}) \tag{4-3}$$

式中 α_1——系数；

f_c——混凝土的轴心抗压强度设计值；

f'_y——梁的纵向钢筋的抗拉强度设计值；

b——梁截面的宽度；

h_0——梁截面的截面有效高度；

A'_s——梁截面受压区纵向钢筋的截面面积；

a'_s——梁上端保护层厚度。

B 梁悬链线机制的计算

如果梁机制抗力的极限值 R_{bu} 大于等于竖向荷载 R，则梁变形在梁端塑性铰出现之前便将趋向于稳定，且框架结构也不会发生连续倒塌；反之，则梁端形成塑性铰，梁端转角 θ 也会持续增大。随着梁端转角的继续增大，悬链线机制就会发生效力，如图 4-4 所示。然而，梁机制还是继续参与工作，在这段时间框架结构会由梁机制与悬链线机制（即复合机制）共同抵抗结构的连续倒塌。其中悬链线机制的抗力 R_c 为：

$$R_c = F_T\theta_T + 2F_L\theta_L \tag{4-4}$$

式中 F_L——梁 C23（C34）的悬链线拉力；

F_T——梁 3BC 的悬链线拉力；

θ_L，θ_T——梁 C23（C34）、3BC 的梁端转角。

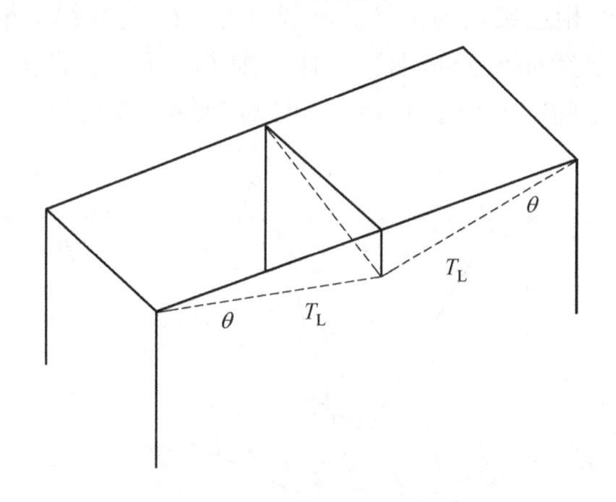

图 4-4 悬链线机制

由几何关系可知：

$$\theta = \Delta/L \tag{4-5}$$

式中 Δ——失效柱顶点竖向位移；

L——梁的计算长度。

由式（4-4）与式（4-5）联立得出梁的悬链线机制抗力：

$$R_c = \frac{F_T\Delta + 2F_L\Delta}{L} \tag{4-6}$$

因为梁的悬链线拉力由梁的纵向钢筋的抗拉强度以及它的截面面积共同决定，所以式（4-6）可写为：

$$R_c = \frac{f_{yT}A_{sT}\Delta + 2f_{yL}A_{sL}\Delta}{L} \tag{4-7}$$

式中　f_{yT}，f_{yL}——横、纵向梁内纵向钢筋的抗拉强度设计值；

A_{sT}，A_{sL}——横、纵向梁内纵向钢筋的面积。

综合式（4-2）、式（4-7）得出梁的抗力 R_L：

$$R_L = R_{bu} + R_c \tag{4-8}$$

4.2.2.2　楼板的计算

由于现浇楼板和梁共同工作，因此在确定梁端塑性铰的弯矩时，应该考虑板的作用。王惠宾把翼缘宽度范围内楼板的钢筋并入梁的受力钢筋内计算，T 形与 L 形梁截面的翼缘宽度根据《混凝土结构设计规范》的相关规定取值。而在本书中要具体的考虑楼板的作用，由于在上文中假设混凝土板中钢筋分布不受变形的影响，只考虑板内钢筋的拉力，所以垂直于板内钢筋的剪力由与之相垂直的分布钢筋的拉力来平衡。如图4-5 所示，板内的拉力 F_1、F_2 可以合成为板的合拉力 F（F_1 为与横向框架梁相连接板内钢筋的承载拉力，F_2 为与纵向框架梁相连接板内钢筋的承载拉力，显然如果分布钢筋一样，则 $F_1 = F_2$），合力 F 与分力 F_1、F_2 不在同一平面内，之间的夹角小于 45°，可以按照 45°来计算。

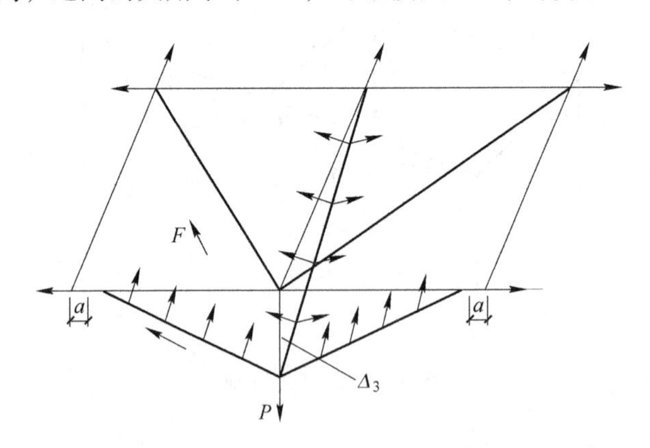

图 4-5　考虑楼板作用的力学计算简图

则楼板内的合力 F 为：

$$F = \sqrt{2}F_1 \tag{4-9}$$

楼板内钢筋的承载力为：

$$F_1 = f_{yb} A_{sb} \tag{4-10}$$

式中 F_{yb}——楼板内分布钢筋的抗拉强度设计值；

A_{sb}——楼板内分布钢筋的面积。

即：

$$F = \sqrt{2} f_{yb} A_{sb} \tag{4-11}$$

由变形条件可知，楼板对失效柱所承担的竖向抗力为：

$$R_b = 2F\sqrt{\frac{2aL - a^2 + 2bL - b^2}{(L+a)^2 + (L+b)^2}} \tag{4-12}$$

将式（4-11）与式（4-12）联立即得出楼板对失效柱所承担的竖向抗力：

$$R_b = 2\sqrt{2} f_{yb} A_{sb} \sqrt{\frac{2aL - a^2 + 2bL - b^2}{(L+a)^2 + (L+b)^2}} \tag{4-13}$$

式中 a——纵向梁远离失效柱一端的水平位移；

b——横向梁远离失效柱一端的水平位移；

R_b——楼板对失效柱所承担的竖向抗力。

综合考虑梁与楼板得出复合机制的抗力 R_{bc} 为：

$$R_{bc} = R_L + R_b \tag{4-14}$$

若复合机制抗力 R_{bc} 大于等于竖向荷载 R，则结构仍然具备抗连续倒塌的能力；否则，梁柱之间的夹角会继续变大。如果梁柱之间的夹角增大到塑性铰的允许最大值 θ_u 时，则梁端混凝土的受压应变也达到了最大值 ε_{cu}，而随后混凝土会逐渐被压溃，这时梁机制就会失去作用，剩下梁的悬链线机制与板的拉薄膜共同抵抗结构的连续倒塌。随着梁柱之间的夹角 θ 继续加大，悬链线机制的拉力 R_c 与板的拉力 R_b 也都随之继续增大。如果梁悬链机制的抗力 R_c 与板机制的抗力 R_b 之和比框架结构受到的竖向荷载 R 大时，那么结构仍然稳定安全，不会发生连续倒塌；反之，极有可能发生连续倒塌。梁悬链线拉力、节点锚固、梁端转角 θ 及板的拉力决定了结构的抗力 R_{bc} 的大小。由楼板对失效柱所承担的竖向承载力计算可以看出，楼板的拉结力可以明显地提高结构的承载力。楼板的存在可以减小梁内因扭转而发生的破坏，因此在结构抗倒塌设计中不考虑楼板会造成材料浪费。

王惠宾通过将楼板考虑进入梁以内（楼板当做梁的翼缘），最终计算的结果为：

$$R_{bc} = R_{bu} + R_c \tag{4-15}$$

其中梁 C23（C34）悬链线抗力 R_c 为：

$$R_c = 2 \times T_L \times \sin\theta \tag{4-16}$$

式中 T_L——梁 C23（C34）的悬链线拉力；

θ——梁 C23（C34）的梁端转角。

通过下文中算例计算结果的对比，来验证本书改进之后的方法更精确。

4.3 方法的论证

4.3.1 算例的分析

虽然上述分析是以单层的框架结构为研究对象，但这样也适用于多层框架结构。下面以一个框架结构为研究对象，分别通过王惠宾的解析法与本书中提出的改进解析法计算出结构在倒塌中的抗力，并且将这两者的结果与不考虑楼板作用的结果进行对比，比较分析改进后的解析法是否更精确。其算例为前文中的模型：两层的 RC 框架结构，首层与二层的层高均为 1000mm，跨度均为 2000mm。模型的垫梁截面高为 250mm、宽为 300mm，梁截面高为 100mm、宽为 200mm，柱截面的高、宽均为 200mm，板厚 40mm，混凝土的强度等级 C20，梁的保护层厚度 $a_s = a'_s = 20$mm，图 4-6 与图 4-7 分别为梁的钢筋布置图与楼板的钢筋布置图。

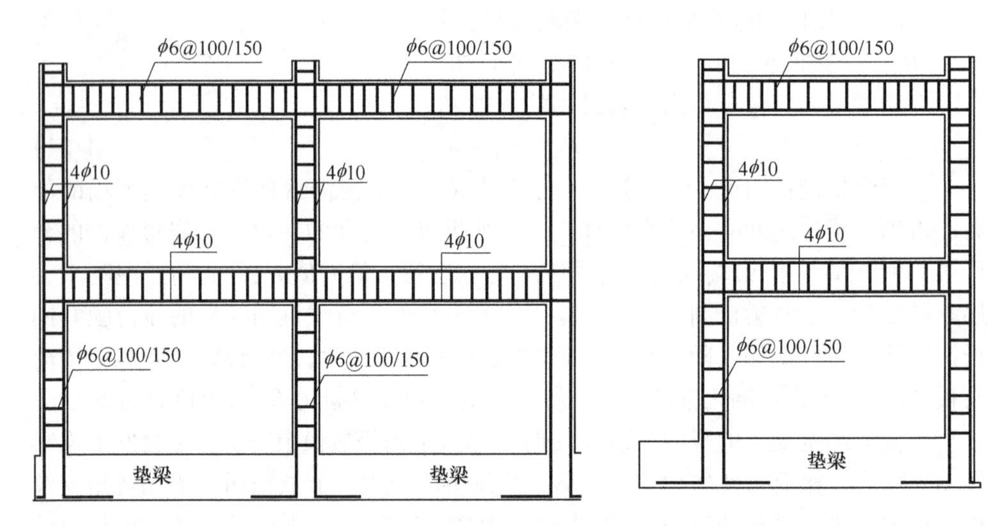

图 4-6 梁钢筋布置图

在计算连续倒塌的抗力中，混凝土的强度取标准值，钢筋的屈服强度、极限强度也取标准值。分析时初始失效柱要考虑长边中柱发生初始失效。由于计算过程比较复杂，所以只列出计算结果见表 4-1。通过对比表 4-1 中的数据可以得出，考虑楼板作用对梁悬链线机制结构的抗力的影响很大。框架结构无楼板时的抗力为 116.9kN。根据解析法计算的有楼板框架结构抗力为 139.1kN，是无楼板框架结构抗力的 1.19 倍。根据改进后解析法计算的有楼板框架结构的抗力为 147.2kN，是无楼板框架结构抗力的 1.26 倍。由此可得出，楼板至少可以提高 15% 的结构抗倒塌能力。

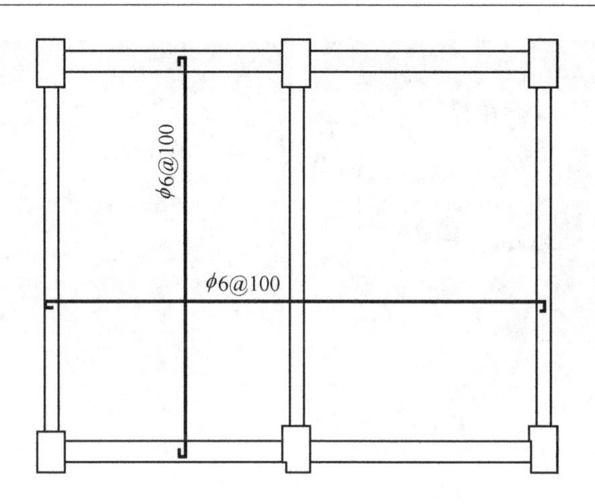

图 4-7 楼板钢筋布置图

表 4-1 计算的抗力与不考虑楼板作用时的抗力

柱失效的位置	无楼板/kN	解析法计算/kN	比无楼板时提高幅度/倍	比解析法计算值改进解析法计算/kN	提高幅度/倍
长边中柱失效	116.9	139.1	1.19	147.2	1.26

4.3.2 有限元分析（pushdown 分析）

结构的连续倒塌通常采用备用荷载路径法来分析，即把某一构件移除后对剩余的结构进行研究，要求结构在失去某一个主要受力构件之后不会发生整个结构的倒塌或较大范围的坍塌。竖向非线性的静力分析是把某一构件移除后利用静力的方法对剩余结构施加逐渐增大的竖向荷载，将结构逐渐地压至倒塌，以得到塑性铰的发展过程与分布情况，以及竖向位移与抗力的关系，这种在竖向连续倒塌中的分析方法称为 pushdown 分析法。

本节利用该方法，采用 ABAQUS 有限元程序，根据上文中算例建立有限元模型，有限元模型尺寸与算例中的结构尺寸相同。如 2.2 节中所述，钢筋的应力－应变关系采用弹性强化模型，混凝土的应力－应变关系按国家规范选用，并采用 ABAQUS 中的混凝土塑性损伤模型；混凝土采用实体单元模拟，钢筋用桁架单元模拟，具体模型如图 4-8 所示。

对模型进行静力分析，在模拟分析中设置两个分析步：第一个分析步在框架结构上施加重力荷载；第二个分析步在中柱上逐渐施加荷载直到框架结构破坏。

研究楼板对结构抗连续倒塌性能的影响。图 4-9 给出了长边中柱发生初始失效情形下，在有楼板和无楼板时结构倒塌的荷载－位移曲线图。

由图 4-9 中荷载－位移关系可得，考虑楼板作用时 RC 框架结构长边中柱发

a

b

图 4-8 ABAQUS 有限元模型的 RC 框架结构破坏应力云图

a—两层均有楼板；b—无楼板

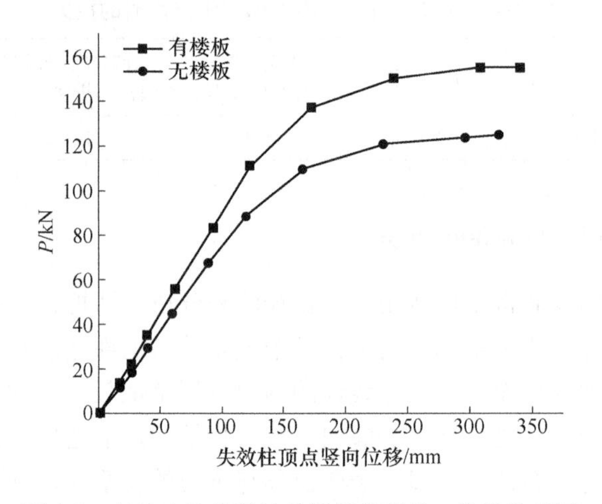

图 4-9 长边中柱失效结构倒塌的荷载－位移关系图

生破坏的抗力最大值为 155kN，不考虑楼板作用时 RC 框架结构长边中柱发生破坏的抗力最大值为 124. 9kN，考虑楼板的结构抗力比不考虑楼板的结构抗力提高了 24. 1%。在表 4-1 中解析法计算的最大抗力为 139. 1kN，与模拟值相差约 10. 3%。改进后的解析法计算的最大抗力为 147. 2kN，与模拟值相差 5%。由此可以看出，改进后的解析法比改进之前更精确一些；同时也可以得出，楼板对结构抗连续倒塌的贡献值要在 15% 以上（保守值）。

4. 4 本章小结

（1）改进了王惠宾的解析法，利用改进后的解析法计算楼板在结构抗连续倒塌中的作用，提出楼板对框架结构抗连续倒塌作用的计算公式。

（2）通过一个长边中柱发生失效框架结构的算例，分别采用解析法与改进后的解析法计算有楼板 RC 框架结构的最大抗力，将两者计算的有楼板框架结构的抗力与计算的纯框架结构的抗力进行对比，结果发现：现浇楼板至少可以提高 15% 的框架结构抗倒塌能力。

（3）采用 ABAQUS 有限元程序对框架结构长边中柱发生初始失效的情形进行分析（pushdown 分析），分别分析了有楼板的框架结构抗连续倒塌性能与无楼板的框架结构的抗连续倒塌性能；得出有楼板与无楼板的结构长边中柱失效结构倒塌的荷载 - 位移曲线，并且将模拟出的有楼板的结构最大抗力与解析法和改进后解析法计算的最大抗力进行比较；结果发现模拟结果与改进后解析法计算的结果最接近，表明改进后的解析法计算楼板在框架结构抗连续倒塌中的作用更为准确。

5 HPFL-粘钢联合加固方法的提出

5.1 建筑结构加固的意义

随着社会经济的飞速发展和人们生活质量的不断提高，人们对于建筑的要求是越来越高。人们的关注点不仅要求建筑物的美观、和谐、经济和绿色，安全可靠更是成为了最主要的评判建筑物好坏的标准。2003 年以后房地产投资快速增长，截至目前中国的各类建筑物和住房达到了基本饱和状态，已经没有足够的能力和经济基础再建造出人们心目中所期望的住房，国家一方面通过修改建筑结构设计规范来提高建筑物的安全性，另一方面对已有的建筑物进行加固和维修，以达到其安全使用要求。

建筑结构加固之所以现在广为流行，是因为建筑结构遭受自然灾害的侵袭频率越来越高，从 20 世纪开始全球 8.0 级以上地震发生了 50 次，近百年来地震直接导致死亡人口超过 100 万。中国的地理位置处在地震活跃带上，地震的频率高和强度大，导致受灾害人数居多，经济损失巨大。特别是农村地区的建筑和城市老旧建筑，在地震发生后结构本身受损严重，多数发生连续性垮塌，给震后重建工作带来沉重的负担。

水灾和风灾也给老旧建筑带来巨大的考验。沿海建筑结构长期遭受大海的腐蚀和冲刷，每年由海洋带来的建筑结构经济损失超过几十亿元。风的荷载也给沿海建筑带来了很大的破坏。为了节约成本和建筑结构再利用，建筑结构加固是首选方案之一。综上所述，建筑结构加固产业是今后国家需要的一个方向。

建筑结构加固结构的深远意义：

（1）充分利用原有建筑物。对于即将达到设计使用年限的建筑物和自然灾害过后有部分损伤的建筑物，如果直接迫使人们居住和使用，对人们的生命财产将会有很大的威胁；如果立即推倒或者拆除无疑是对社会资源的一种极大的浪费，最好的办法就是对原有结构主要受力构件进行加固，在满足结构受力的前提下延长建筑物使用寿命，以满足人们的正常生活和工作使用要求。

（2）提高建筑结构的安全可靠耐久性。建筑结构的耐久性是指结构在规定的使用年限内，在各种环境条件作用下，由于结构构件材料性能随时间劣化，但不需要额外的费用加固处理而保持其安全性、正常使用性和可接受的外观的能力。耐久性在实质上是研究在满足结构的安全性和适用性最低可靠度条件下，结构对气候作用、化学侵蚀、物理作用或其他破坏过程的抵抗能力，即材料老化及损伤的年限，该年限为建筑物在正常维护状态下的使用寿命。结构耐久性损伤类型有混凝土碳化、钢筋锈蚀、碱骨料反应、化学侵蚀和混凝土表面磨损。损伤的结构在荷载作用下其强度刚度耐久性均有了一定程度的削弱，可以应用替代理论来完成合理加固，使其强度刚度稳定性恢复初始性能。随着时间的推移，建筑的耐久性越来越受到质疑，人们对建筑物的安全可靠耐久的要求却与日俱增。建筑物的结构加固最直接的作用就是提高其安全适用和耐久性，以达到保护人们的生命和财产安全，所以结构加固是建筑加固的必然选择。

（3）为灾后的城市恢复争取最快时间。地震带来的自然灾害是全球性的，它的超强破坏性和破坏面更是有目共睹的。我国有将近一半城市都位于地震带上，以四川省的汶川雅安地震为例，建筑结构类型多为砌体结构、木结构，钢筋混凝土结构偏少。砌体结构中圈梁和构造柱没有按规范要求构造布置，这些较为简易、没有任何抗震设施的房屋在震后全部倒塌。对于震中的彻底连续倒塌我们没有补救的能力，但对位于其周围有强烈震感的城市，砌体结构的房屋会出现不同大小的裂缝，预制钢筋混凝土结构也会出现不同程度的破坏，不能满足居民后续使用中的正常使用极限状态。和拆倒重建相比，建筑结构加固是一种合理、贴合民情、节约成本的灾后建筑处理办法。

建筑结构加固的作用还有很多，如延长结构的使用年限、拓展或改变结构的用途、保护和节约社会资源等，也会为社会的发展做出巨大的贡献。

5.2　约束混凝土柱的研究现状

5.2.1　常用的加固方法

现在对混凝土结构的加固方法多种多样，它们有各自的优缺点，加固方案选择时要结合加固方法的优点、缺点和工程实际需要来确定。为方便对比，将混凝土结构加固方法分为两类：直接加固法、间接加固法。

5.2.1.1　直接加固法

直接加固法是直接对结构构件或节点区域进行加固，主要包括：增大截面加固法、外贴钢板加固法、粘贴外包型钢加固法、外贴纤维增强材料加固法、绕丝加固法等。

（1）增大截面加固法。这种方法是选用和原构件相同材料加大其截面面积，进而提升构件承载力和刚度，如图 5-1a 所示。这种方法较为普通，主要适合梁、柱、墙等构件的加固，尤其适合原有构件截面面积较小导致轴压比较大的情况。此法的实际工程中，大量应用于中、小城市的一些钢筋混凝土结构中；优点是传力可靠、工艺过程简单，有较完善的设计规范和较多的实践经验；缺点是需要现场大规模的施工，较大地影响生产过程，且施工周期长，建筑物的净空大幅降低。

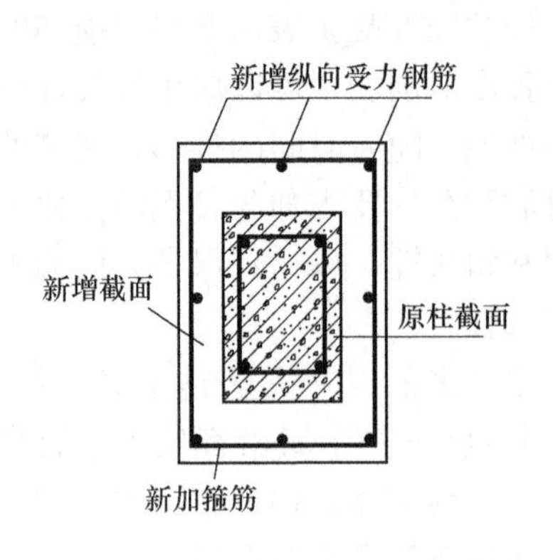

a　　b

c　　d

e

图 5-1　直接加固法

a—增大截面加固法；b—外贴钢板加固法；c—外贴型钢加固法；
d—外贴纤维材料加固法；e—绕丝加固法

（2）外贴钢板加固法。这种方法主要把钢板粘贴在已有构件的表面，粘贴方式主要使用结构胶，以保障两种材料的整体协作受力，进而大幅提升原有构件的承载力和刚度，如图5-1b所示。这种方法适合加固静力作用下的受弯、受拉和大偏心受压构件；优点是施工工程量较少，不会影响加固过程中房屋的正常使用，加固完成后，结构的外观和空间没有明显变化；缺点是不能加固节点，容易造成加固后的构件承载力变强，节点相应变弱，根据抗震的设计原则“强节点弱构件”，这种方法使用时应考虑到节点区的处理；另外，加固后最终的效果主要源自于胶粘工艺和操作质量。

（3）外贴型钢加固法。这种方法是以角钢和钢板外包在已有构件的角部或表面，用粘结剂粘结型钢和混凝土，使两者成为一体，共同受力，协同变形，提高截面承载力，如图5-1c所示。这种方法适合在原有构件尺寸不能大幅增加，又要求增大构件本身的承载力的情况；优点是应用范围广、受力较为可靠、施工简单和现场施工工作少；缺点是这种方法在钢的使用量上很大，而且其成本较高。

（4）外贴纤维材料加固法。这种方法是把纤维材料用结构胶粘贴在需要加固构件的表面，从而提高截面承载力，如图5-1d所示。这种方法主要适用于在静力作用下的受弯、受拉和大偏心受压构件的加固；优点是纤维材料轻质高强、方便运输，工艺简单、方便施工，耐腐蚀、耐潮湿、使用环境范围广；缺点是纤维材料不抗火，需要做防护处理；另外，纤维材料抗拉能力虽然较强，但易突然被拉断，加固后的结构构件破坏时延性很差，设计时需要格外注意材料的脆性。

（5）绕丝加固法。这种方法是把钢丝等抗拉能力较强的材料缠绕在需要加固构件的表面，约束原有混凝土，提高截面承载力和刚度，如图5-1e所示。这种方法主要适合受压构件因截面受压承载力不足、斜截面受剪承载力不足等情况，尤其适合圆形截面受压构件；优点是明显提高构件的斜截面的极限承载力，最大程度地减小对建筑空间的影响；缺点是对矩形截面的构件加固效果不理想。

5.2.1.2 间接加固法

间接加固是针对结构整体进行的，通过改变结构传力途径达到减小原构件内力的加固目标，包括预应力加固法、增设支承点加固法等，见图5-2。

（1）预应力加固法。这种方法是通过增设预应力钢拉杆或者钢支撑来加固结构的，能使原构件的应力水平得到有效的减少，加固后的效果好，结构整体承载力也会有所提升，较适合应用在加固大跨度或重型结构以及高应力、高应变状态下的混凝土构件；优点是使结构内力重分布，减小了原有构件的应变和挠度，裂缝也会相应闭合，加固效果明显；缺点是影响了建筑结构的外观，需要对外露

图 5-2　间接加固方法
a—布置高强钢绞线；b—喷涂聚合物砂浆

的预应力拉杆做防腐、防火处理。

（2）增设支承点加固法。这种方法采用增设支承点的方法使计算跨度变小，这样就可以降低结构内力，使结构承载力变大；优点是传力明确，计算简便，施工简单，最大程度保留原有结构构件，对原有结构损伤最小；缺点是减小了结构的使用空间，影响后续的使用。

5.2.2　已有约束混凝土柱的类型

（1）纤维（FRP）约束混凝土柱。纤维（FRP）约束混凝土柱也就是 FRP

加固混凝土柱，是先将FRP纤维环形缠绕在柱子表面，再用环氧树脂将FRP与原混凝土柱表面粘结固定而成为FRP约束混凝土柱。该加固柱承载力高、延性和抗震性能好、防腐能力强且美观，已经被越来越多地应用于老旧建筑加固和新建结构的承重构件，加固效果显著且经济合理。

（2）钢管混凝土柱。钢管混凝土是通过在钢管中浇筑进混凝土而得名，这种做法充分利用钢管和混凝土两种材料的特点，即钢管对混凝土的约束作用使混凝土处于复杂应力状态之下，这种相互作用使混凝土的强度提高，塑性和韧性大为改善。

钢管混凝土结构有其特有的优点，比如塑性好、耐冲击、强度高、质量轻、耐疲劳等，且钢管混凝土梁柱节点相对简单明了，在施工时容易处理，加工方便，使用成本也比较低，施工工期相对较短，这种优势在桁架结构中尤为明显。钢管混凝土框架结构的使用可以满足建筑物灵活性的使用要求，可以在较大空间使用，在有丰富多变的立面造型的同时满足不同的功能要求。

就结构方面而言，钢管混凝土的整体性和抗震性能的优势比较明显。

（3）钢筋网高性能水泥复合砂浆（CMMR）加固钢筋混凝土柱。钢筋网高性能水泥复合砂浆（CMMR）是指在表面经过凿毛、清洗处理后的原钢筋混凝土柱上涂刷粘结性能良好的界面剂，再用高强砂浆把紧靠核心柱的钢筋网笼紧箍在混凝土上面，使高强砂浆、钢筋网、核心混凝土共同作用，充分发挥它们各自的优势，使混凝土柱的延性、承载力、耗能能力都有大幅度提高。

（4）型钢－钢管混凝土轴压柱。型钢－钢管混凝土轴压柱是一种先将型钢插入钢管中，然后再进行混凝土浇筑的新型复合式组合柱。

5.2.3　已有约束混凝土柱本构关系的研究

5.2.3.1　FRP约束混凝土柱的模型

FRP约束混凝土的模型研究已经比较成熟，国内外许多学者都对FRP约束混凝土柱进行了潜心研究，提出了各自比较有说服力的本构模型，其中FRP约束混凝土柱模型包括圆形截面柱、方形截面柱、矩形截面柱。张月弦根据Priest-leyM. J. N. 提出的约束混凝土强度计算公式及FRP材料的破坏准则，再结合约束混凝土单轴等效应力－应变关系，确定了FRP约束混凝土的抗压强度、荷载－位移曲线关系和应力－应变曲线关系。赵彤等研究了碳纤维使用量对普通混凝土抗压强度和变形性能的影响，随着纤维用量的增加补强效果明显变好，且分条包裹比整条包裹效果好，提出了约束混凝土的受压应力－应变全曲线方程并做了碳纤维布改善高强混凝土性能方面的研究。潘景龙等分别对圆形、矩形、椭圆形截面混凝土柱进行试验比较，通过在圆形、矩形、椭圆形截面混凝土柱上包裹不同强度的碳纤维，再对其轴心受压的试验性能进行研究，发现混凝土柱的截面形状对约束效果有很大的影响。

5.2.3.2　钢管混凝土柱的本构模型

从钢管混凝土柱的出现到现在，国内外的很多知名学者对钢管混凝土柱的工作性能进行了潜心研究，提出了许多理论计算公式。根据分析方法、研究形式和过程难易程度的不同，列举以下几种钢管混凝土柱的研究成果。

（1）钟善桐教授从1988年至今研究出了钢管混凝土的各种力学性能，并发表论文。在大量试验数据的基础上通过数学函数表达了混凝土的本构关系：

$$\begin{cases}\sigma_c=\sigma_u\left[A\dfrac{\varepsilon}{\varepsilon_0}-B\left(\dfrac{\varepsilon}{\varepsilon_0}\right)^2\right], & \varepsilon\leqslant\varepsilon_0\\ \sigma_c=\sigma_u(1-q)+\sigma_u q\left(\dfrac{\varepsilon}{\varepsilon_0}\right)^{0.2+\alpha}, & \varepsilon>\varepsilon_0\end{cases}\tag{5-1}$$

钢材的屈服强度、混凝土的强度等级和含钢率已知时，公式中的参数便可求出，本构方程也就确定了。

（2）蔡健等对方形钢管约束混凝土的本构模型进行了研究，在Mander约束钢筋混凝土模型的基础上，考虑相关有效约束系数，将钢管对混凝土的约束等效为有效侧压力。在有关试验数据的基础上，通过参数修正，建立一种适合数值分析的等效单轴本构关系。

（3）余勇和吕西林创建了三向受压约束混凝土本构关系。该模型简单适用，且是建立在前人不断研究的基础之上，所有的参数均可以根据试验数据求得，只需要输入少数的材料参数便可确定混凝土的本构模型，在实际工程中应用方便。

5.2.3.3　钢筋网高性能水泥复合砂浆（CMMR）加固钢筋混凝土柱的本构模型

文献［75］中提到，制作原柱试件18根，通过对钢筋网高性能水泥复合砂浆加固的小圆柱和小方柱进行研究，参照Sheikh和Uzumeri方法考虑有效约束率，按照Richard约束混凝土圆柱体轴压应力公式，且在《混凝土结构设计规范》的基础上，提出了钢筋网高性能水泥复合砂浆（CMMR）加固钢筋混凝土圆柱的本构模型。

（1）当混凝土强度等级为C30时：

$$\begin{cases}\sigma_c\leqslant0.85f_c, & \sigma_c=28066.9\varepsilon_c\\ \sigma_c>0.85f_c, & \sigma_c=\alpha_{\mathrm{I}}\varepsilon_c+b_{\mathrm{I}}\end{cases}\tag{5-2}$$

（2）当混凝土强度等级为C50时：

$$\begin{cases}\sigma_c\leqslant0.85f_c, & \sigma_c=34184.2\varepsilon_c\\ \sigma_c>0.85f_c, & \sigma_c=\alpha_{\mathrm{II}}\varepsilon_c+b_{\mathrm{II}}\end{cases}\tag{5-3}$$

根据CMMR约束混凝土方柱本构模型主要参考Mander模型，Mander模型适用于方形、圆形、矩形等各种截面形状的箍筋约束混凝土柱和双肢、复合箍等各种截面形式。其公式为：

$$\sigma_c = \frac{\sigma_0 x r}{r - 1 + x^r} \tag{5-4}$$

$$\sigma_0 = f_{cc} - \frac{f_y A'_s}{A} \tag{5-5}$$

$$\varepsilon_0 = 0.002\left[1 + 4\left(\frac{\sigma_0}{f_c}\right)\right] \tag{5-6}$$

式中 σ_0——剔除原柱纵筋影响后被加固混凝土的抗压强度及峰值应力。

5.3 加筋高性能砂浆（HPFL）-粘钢联合约束RC柱的提出和本书研究的内容

5.3.1 加筋高性能砂浆（HPFL）-粘钢联合约束RC柱的提出

在已有的不同类型约束钢筋混凝土柱的基础上，提出了加筋高性能砂浆（HPFL）-粘钢联合约束RC柱，并将此加固法申请专利。该加固方法综合了加筋高性能砂浆加固技术和粘贴钢板技术的各自优点。加筋高性能砂浆（HPFL）加固法是通过在原钢筋混凝土柱表面绑扎钢筋（丝）网或缠绕高强钢绞线，并将高性能砂浆喷于表面作为保护层，最后钢筋（丝）网、高强砂浆原混凝土构件共同形成一个整体来承受外荷载，这种方法对其承载力和变形性能的提高有非常明显的效果。粘贴钢板加固法是指在混凝土柱表面粘贴钢板以提高柱子承载能力的一种加固方法，但对粘贴钢板的粘结剂要求较高，且钢板表面的保护层也必须有非常好的保护能力以防止钢板受到腐蚀而影响到混凝土柱的承载能力。

加筋高性能砂浆（HPFL）-粘钢联合加固约束RC柱的技术要点包括以下几部分：对要加固的钢筋混凝土柱进行表面处理后，用胶粘剂把钢板粘贴在处理后的混凝土柱上面，通过合理运用压环和螺栓，把钢绞线固定在粘贴钢板的结构上面。等粘贴钢板的结构胶固化以后，再在混凝土柱表面喷涂高性能砂浆进行养护。上述的加固示意图如图5-3所示。

本试验方法中高强钢绞线起到了非常重要的作用，不仅固定了钢板的相对位置还起到了环箍的作用；高性能砂浆对钢板起到保护作用，防止钢板在日常中受到侵蚀作用，减免了对钢板做防腐处理，而且对提高混凝土柱的承载力也有贡献。另外，这种加固方法操作简单，占用场地小，不需要大型的操作工具，对环境影响小，工期短，节约资金。

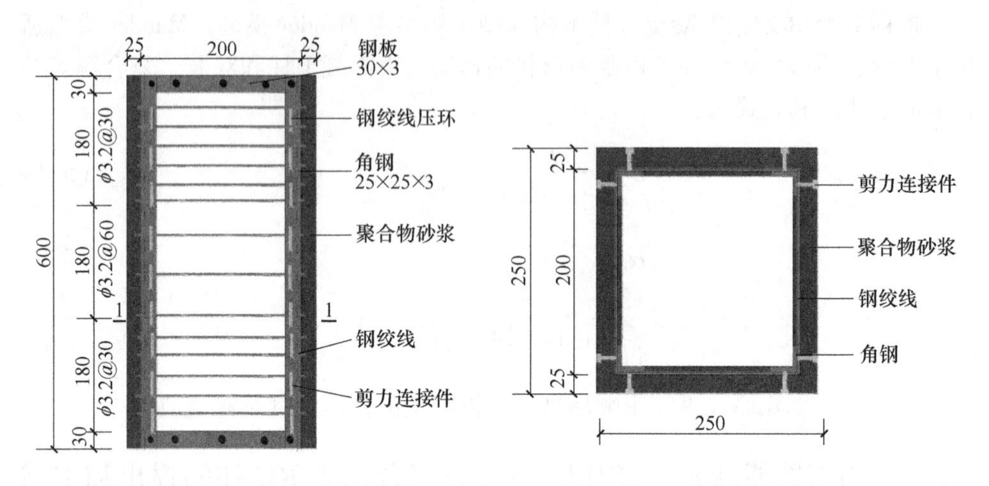

图 5-3　加固示意图

5.3.2　本书研究的内容

加筋高性能砂浆（HPFL）－粘钢联合加固钢筋混凝土柱是一种新型且正在不断研究的加固方法，如果只从理论研究的角度出发不能客观具体的分析此加固方法的受力机理和承载能力，所以本书通过试验研究，再借助相关理论文献，提出了其作为新型加固方法的强度计算公式，以及加筋高性能砂浆（HPFL）－粘钢联合加固钢筋混凝土柱作为一种复合材料的应力－应变关系。

本书主要从以下几个方面进行阐述：

（1）加筋高性能砂浆（HPFL）－粘钢联合加固混凝土轴压柱试验研究。

（2）提出此加固方法作为一种复合材料的应力－应变计算公式。

（3）通过有限元模拟来验证所提出的本构关系的合理性。

6　HPFL-粘钢联合加固 RC 轴压柱的试验研究

6.1　概述

HPFL-粘钢联合加固法作为一种新型复合加固法，是通过“处理混凝土原柱—粘贴钢板—高强钢绞线捆绑—喷涂高强砂浆加固层”这样一种顺序过程，使核心区混凝土在强有力的侧向约束作用下处于三轴受压状态，从而使加固 RC 轴压柱的抗压强度、抵抗变形能力、耗能能力都有很大提高。本章通过试验进一步验证该加固方法的优越性。

6.2　试验目的

通过对素混凝土柱、钢筋混凝土对比柱和 HPFL-粘钢联合加固混凝土对比柱进行轴压试验，分析试验结果得到 HPFL-粘钢联合加固混凝土方柱的承载力和延性提高幅度、荷载 - 位移变化曲线、各加固材料在不同承载力下对应的应变值，为加固柱后续受力性能分析提供数据依据。

6.3　试验测试内容

通过理论分析和前期准备，试验需要测试以下内容：

（1）各柱在轴向荷载下的极限承载力。

（2）各柱的纵向位移和横向变形。

（3）原柱中纵筋和箍筋的应变。

（4）加固层部分角钢的应变、钢绞线的应变和高强砂浆的应变。

（5）裂缝发展及破坏形态。

6.4　试验设计

6.4.1　试验材料

（1）本试验所有材料的性能见表 6-1。

表 6-1　试验材料的性能

1	钢筋	纵筋：原柱纵筋为 4ϕ12mm，极限强度为 572.12MPa，屈服强度为 368.05MPa
		箍筋：采用 ϕ6@150mm，极限强度为 651.77MPa，屈服强度为 408.81MPa
2	钢板	钢板选用 25mm × 25mm × 3mm 的角钢，极限强度为 796.50MPa，屈服强度为 517.80MPa
3	钢绞线	钢绞线网用 ϕ3.2mm，极限强度为 1606MPa
4	聚合物砂浆	采用 RG-JS 聚合物砂浆，由西安联合荣大工程材料有限责任公司提供，实际测得 5d 立方体抗压强度为 32.61MPa，2d 立方体抗压强度为 13.80MPa
5	剪力连接件	直径 6mm 螺丝（间距 60mm）
6	粘钢胶	采用双酚 A 改型环氧树脂和改性胺类固化剂，由亨斯迈先进化工材料（广东）有限公司提供
7	界面剂	采用 Araldite XH130AB 型混凝土结合胶

（2）试件材料的强度见表 6-2。

表 6-2　试件材料强度　（MPa）

混凝土强度/C30	砂浆强度		钢筋强度				钢绞线强度		角钢强度	
	2d	5d	ϕ6mm		ϕ12mm		屈服强度	极限强度	屈服强度	极限强度
			屈服强度	极限强度	屈服强度	极限强度				
34.10	13.80	32.61	408.81	651.77	368.05	572.12	1092	1606	517.80	796.50

6.4.2　试件设计及加固

本次试验共制作 3 根素混凝土柱和 5 根钢筋混凝土柱，8 根柱子全部为 200mm × 200mm × 600mm 的短柱，且几何尺寸完全相同。设计成短柱是为了防止构件长细比对试验结果的影响。5 根钢筋混凝土柱中，箍筋采用 ϕ6mm@150mm，纵筋选用 4ϕ12mm，柱子上下两端的箍筋加密，其原因是为了避免由不均匀受压引起的局压破坏。原柱配筋及几何尺寸如图 6-1 所示。

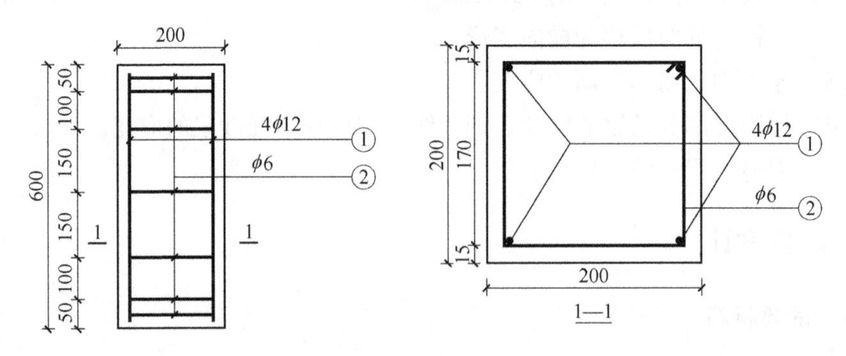

图 6-1　原柱配筋及尺寸

6.4.3 构件加固步骤

HPFL-粘刚联合加固混凝土的加固施工方法和具体流程为：混凝土原柱基面的处理—角钢固定—钢绞线固定—渗透聚合物砂浆—养护。

6.4.3.1 原混凝土柱构件基面的处理

（1）除了粘贴钢板的范围不需要凿毛以外，原柱的混凝土表面均需要用凿子凿毛，凿毛点纵横间距不大于200mm，凿毛深度3~7mm，平均为5mm。

（2）为了避免混凝土柱表面的凿毛灰尘等影响砂浆的粘结能力，需要用水冲洗混凝土表面的浮尘。

（3）由于原柱在浇筑成型过程中难免出现操作不到位等各种原因，造成原混凝土柱表面凹陷不平和部位松散，所以要用高性能砂浆对原柱混凝土基面的不合格部位进行凿除和修补，避免原柱表面出现较大空隙和麻面。

6.4.3.2 角钢固定

（1）依据试验设计的固定角钢的位置图，在角钢平面钻出螺栓孔，具体为在角钢两侧各打11个螺栓孔，间距60mm。

（2）将粘钢胶均匀涂抹在角钢的内侧后，迅速把角钢固定在短柱的四角，随后进行适当挤压和拍打以排除粘结面里的空气。

（3）一段时间过后，粘钢胶达到要求强度，并且可以粘牢钢板有固定作用后，在角钢的螺栓孔处拧紧螺栓。

6.4.3.3 不锈钢绞线网的裁切与固定

（1）用钢绞线网切割机裁切符合数据要求的钢绞线长度。

（2）用张拉器拉紧钢绞线，且钢绞线两个端头要用钢绞线锁固定一起并预紧，钢绞线绕过螺栓位置时用固定压环固定。

（3）最后用水冲洗界面，防止灰尘影响粘结力。

6.4.3.4 渗透聚合物砂浆的施工

（1）配制。按规范比例将水泥和沙子干拌均匀，再加入适量的水搅拌，稠度必须适中，不能太稀或者太稠，且砂浆在初凝之前必须用完。

（2）用拌制的砂浆制作70.7mm×70.7mm×70.7mm的试块3块，在标准条件［恒温（20±3）℃，相对湿度90%以上］下进行养护。

（3）渗透聚合物砂浆通过喷枪喷涂在柱子构件表面，也可以通过抹压的方式，不过整个加固层砂浆不能一次抹压到位，应分三次分层抹压，主要是为了防止加固层砂浆表面的干缩开裂或者内部空隙过多。

(4) 构件养护：通过在表面覆盖塑料薄膜和黑心棉的方式来养护，每天洒水养护，再进行自然养护。

6.4.3.5　白色涂料的涂刷

(1) 配置涂料，或者在第一步之前刷白色涂料。

(2) 用涂料刷涂刷柱子表面 1～2 次，为了防止龟裂，一般厚度不超过 2mm。

6.4.3.6　试验时防止局部受压破坏的措施

试验时为了防止局部受压破坏，在试件上下两端 30mm 范围再多环箍一层钢板或者钢绞线。

HPFL-粘刚联合加固混凝土轴压柱的试验实际图如图 6-2 所示。

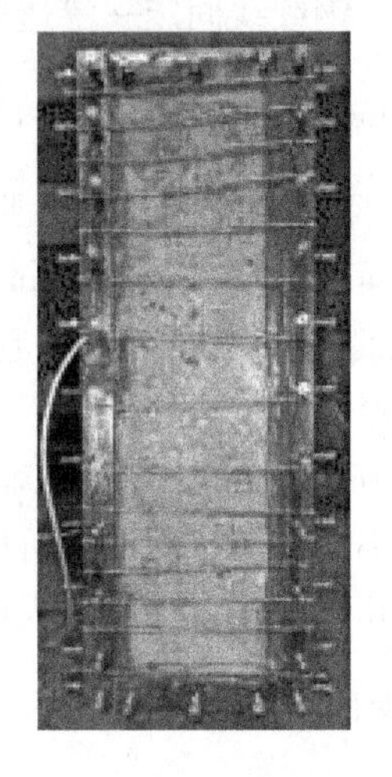

图 6-2　加固柱

6.5　试件的安装和加载

6.5.1　测试内容

本次试验的试件有素混凝土短柱、钢筋混凝土短柱、加固素混凝土短柱、加固钢筋混凝土短柱，各试件在试验设备上安装之前，必须知道此次试验过程要得到主要试验现象和各重要试验数据。测试的主要内容包括：各柱子的承载力和变形、纵筋应变、箍筋应变、加固角钢应变、加固钢绞线应变、高强砂浆应变、混凝土表面的应变、试件表面裂缝的开展情况。

为了得到想要检测的试验结果，可以在纵筋、箍筋、角钢、混凝土表面、高强砂浆表面粘贴应变片，通过应变片测出相应位置的应变，加固钢绞线的应变可以用导杆引伸仪来测得。应变片、导杆引伸仪和位移计的布置如图 6-3 所示，图 6-4 为柱子浇筑前钢筋笼的应变片布置。

6.5.2　试件及仪表安装

试件安装：相应加载试件放置在轴压试验机加载板之间，正式加载之前在试件顶部平面用水泥砂浆找平，防止试件上下表面由于不水平造成误差。

仪表安装：仪器的布置点如图 6-3 所示，纵筋箍筋上的应变片连接电线后用环氧树脂包裹密封，如图 6-4 所示。钢绞线表面光滑，无法直接焊接螺栓，需要用紧

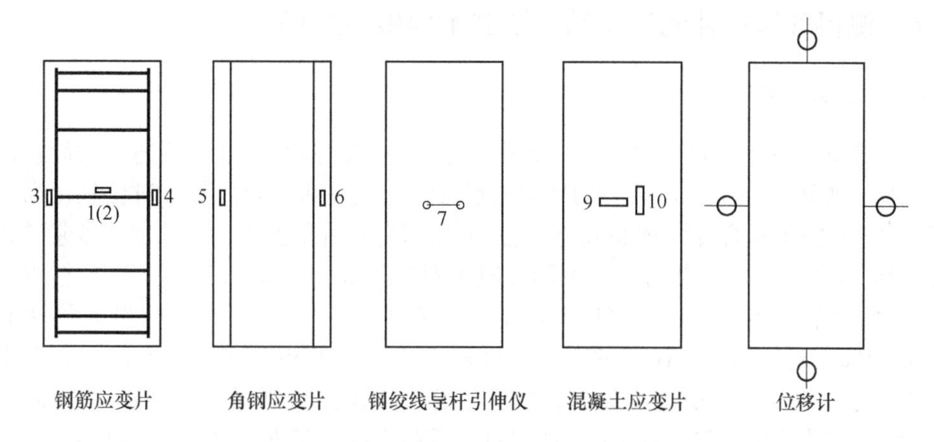

图 6-3 应变片、导杆引伸仪和位移计布置示意图

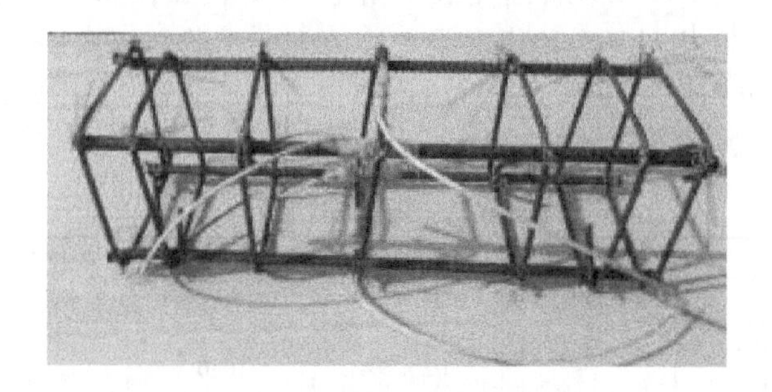

图 6-4 钢筋笼应变片布置图

固钢绞线的夹具夹住钢绞线，在夹具上焊接螺栓，把导杆引伸仪接在焊接的螺栓上来测得钢绞线的应变。位移计布置在柱子的中部和上下两端，并用相关固定设施固定。

6.5.3 加载方案和数据采集

本次抗压破坏试验的加载设备采用200t液压式压力机，分级加载，前期加载每次增加20kN测量一次，当加载至极限荷载的80%时，荷载增加的级差减半，荷载大小通过试验机可直接读出。试验过程中的加载方式属于单调加载，每加一级荷载，均需要人工在试验柱表面绘出裂缝的发展状态，并标记出相对应的荷载，还要用裂缝观测仪测出每级荷载所对应的裂缝宽度。试验时加载状态如图6-5所示。

图 6-5 轴压柱试验装置加载状态

6.6　测得各轴压柱的试验结果及其主要破坏过程

6.6.1　主要试验结果

从表 6-3 的主要试验结果可以看出，不管是加固钢筋混凝土柱还是加固素混凝土柱，加固后柱子的承载力均比原素混凝土对比柱和钢筋混凝土对比柱提高许多。HPFL-粘钢联合加固钢筋混凝土柱 Z1 加固完成后养护 2 天，其加固砂浆的强度达到 13.80MPa，承载力相对钢筋混凝土对比柱提高了 22.13%；HPFL-粘钢联合加固钢筋混凝土柱 Z2 ~ Z4 加固完成后养护 5 天，加固砂浆的强度均达到 32.61MPa，测得加固后柱子的截面尺寸略有不同，但相差在几毫米之间，在实际浇筑施工过程中是很难避免的，也就是这种现象比较常见，Z2 ~ Z4 的极限承载力比 Z02 的提高 35% ~46%，加固对于承载力的贡献非常明显；HPFL-粘钢联合加固素混凝土柱 Z5、Z6 加固完成后养护 5 天，加固砂浆的强度同样达到 32.16MPa，Z5、Z6 相对于对比素混凝土柱 Z01 的承载力提高 48% ~52%。从表 6-3 中还可以看出，加固后柱子的对应位移也有了很大提高，这代表加固后柱子的延性有了明显改善，耗能能力增强。

表 6-3　主要试验结果

试件编号	柱加固类型	加固砂浆强度/MPa	截面尺寸/mm × mm	极限承载力/kN	承载力提高幅度/%	对应位移/mm
Z01	素混凝土对比柱	—	202 × 204	1080	—	2.05
Z02	钢筋混凝土对比柱	—	202 × 203	1220	—	2.77
Z1	HPFL-粘钢联合加固钢筋混凝土柱	13.80	253 × 261	1490	22.13	5.98
Z2		32.61	257 × 260	1720	40.98	3.44
Z3		32.61	243 × 261	1770	45.08	3.65
Z4		32.61	251 × 257	1656	35.74	4.25
Z5	HPFL-粘钢联合加固素混凝土柱	32.61	251 × 252	1640	51.85	3.25
Z6		32.61	248 × 261	1608	48.89	3.18

综上所述，HPFL-粘钢联合加固混凝土柱的极限承载力有很大的提高，柱子延性和耗能也有了很大改善。另外，砂浆在不同的养护龄期下其对应的强度是不同的，且随着养护时间的延长砂浆的强度在不断地提高。

6.6.2　试验破坏过程

6.6.2.1　Z01 柱破坏过程

（1）Z01 柱的基本属性。素混凝土对比柱养护 28 天，混凝土立方体抗压强度为34.10MPa。

（2）Z01柱的详细破坏过程。为了方便记录整个柱子的破坏过程，把柱子的四面分别贴标签A、B、C、D。由于Z01属于素混凝土柱，脆性比较明显，所以当荷载加至560kN时，D面顶部中间部位开始出现了非常微小的裂缝，肉眼看不到，通过裂缝观测仪可观察到此现象；当继续加载至600kN时，D面顶部裂缝继续延伸大约220mm，裂缝宽为0.1mm；当继续加载至660kN时，A面底部出现裂缝并迅速向上延伸，裂缝宽度达到0.2mm；当继续加载至720kN时，裂缝最宽处达到0.24mm，伴随着轻微的响声，A、B面交角处从柱顶到柱底混凝土全部脱落；当加载至840kN时，柱子C面左下角开始出现裂缝，并向右延伸至C面中部，裂缝最宽处达到0.28mm；继续加载，随着荷载的不断加大，B、C面交角处的底面出现混凝土的脱落，且A面和D面的裂缝宽度不断加大，当加载至1040kN时，裂缝最宽处达到0.38mm；当加载至1080kN时，构件发出“蹦”的一声，随即破坏，发生典型的脆性破坏，给人反应时间比较少，所以实际工程中应避免使用脆性构件，防止不必要的事故发生。Z01柱的试验破坏形态如图6-6所示。

图6-6 Z01柱破坏形态

6.6.2.2 Z02柱破坏过程

（1）Z02柱的基本属性。钢筋混凝土对比柱养护超过28天，混凝土立方体抗压强度为34.10MPa。

（2）Z02柱的详细破坏过程。与Z01柱一样，在柱子四面贴标签A、B、C、D。开始加载，当荷载加至480kN时，C面顶部右上方靠近D面的部分观察到细微裂缝，且D面顶部左上方靠近C面的部分也出现了细小裂缝，也就是C、D交角的上方开始出现裂缝；当荷载加至600kN时，B面顶部中央出现微小裂缝；当加载至660kN时，构件内部伴随着轻小的噼啪声，裂缝最宽处达到0.1mm；当加载至720kN时，构件的AB、BC、CD交角的顶部出现细微裂缝，AD、CD交角的底部也出现了细微裂缝；继续加载，当加载至780kN时，A面顶部中间部位产生裂缝，且迅速向下部延伸，裂缝最宽部位为0.14mm，且D面顶部靠近C面的一侧原有裂缝继续加大，宽度达到0.2mm，并向下迅速延伸。当继续加载至960kN时，CD交角部位有混凝土剥落，裂缝最宽处达到0.3mm；继续加载，当荷载加至1080kN时，A、B、C、D各面的裂缝都不断增多，且A面中部裂缝变宽至0.44mm，并不断往下延伸。当加载至1120kN时，整个构件随着裂缝的不断加大而压曲变形，最终破坏。Z02 柱试验破坏形态如图 6-7a 所示。

构件破坏过程中，四面交角部位的混凝土多有脱落，构件中间部位向外鼓起。破坏结束后，剥离掉表面脱落的混凝土，露出柱子内部的钢筋，如图 6-7b 所示，可以看出纵筋在距顶部 22cm 处发生弯曲，纵筋压弯是构件破坏的主要原因。

a

b

图 6-7　Z02 柱破坏形态

a—整体破坏；b—局部破坏

6.6.2.3　Z1 柱破坏过程

（1）Z1 柱的基本属性。HPFL-粘钢联合加固钢筋混凝土柱养护 2 天，聚合物砂浆强度 13.80MPa，低于混凝土立方体抗压强度 34.10MPa。

（2）Z1 柱的详细破坏过程。柱子四面贴标签 A、B、C、D。开始加载，当荷载加至 360kN 时，由于砂浆强度低和延性好，在柱子 B 面上部靠近 C 面一侧的角钢上螺栓位置处出现裂缝，并且裂缝随着螺栓的位置向下延伸，宽度达到 0.05mm；当加载至 480kN 时，CD 交角位置的下部沿角钢位置处的螺栓出现裂缝，并沿着螺栓的方向向上部延伸。A 面靠近 D 面一侧的下部的角钢位置的螺栓处也出现裂缝，也沿着螺栓的分布位置向上延伸，裂缝宽度达到 0.09mm；当荷载增加到 660kN 的过程中，构件内部传出轻微的响声，A 面顶端中部出现裂缝且向下发展，C 面底部钢板边缘处出现裂缝，裂缝最宽处达到 0.15mm；随着荷载的不断增加，裂缝也不断发展，当加载至 780kN 时，裂缝最宽处达到 0.21mm；当加载至 840kN 时，裂缝最宽处达到 0.31mm；当加载至 1080kN 时，B 面 C 侧角钢位置处沿螺栓形成通缝，上下贯通，宽度为 0.35mm；当加载至 1200kN 时，裂缝最宽处达到 0.4mm；当加载到 1380kN 及以上时，裂缝宽度迅速增大；当加载至 1490kN 时，柱子迅速压坏，钢绞线被拉断。分析认为，应该是由于钢绞线的拉断，柱子才瞬间破坏，破坏状态图如图 6-8a 所示。

柱子破坏以后，发现柱子中上部的钢绞线断裂，柱子中部加固层外鼓。用手可以剥掉表面酥松的砂浆和混凝土渣子，露出构件内部的实际情况，如图 6-8b 所示。由图 6-8b 可以看出，在距顶部 23cm 处的角钢和纵筋均被压弯，钢绞线断裂，这是造成构件破坏的直接原因；加固层与混凝土粘结良好，说明 HPFL-粘钢联合加固层与原混凝土有良好的工作性能。

a

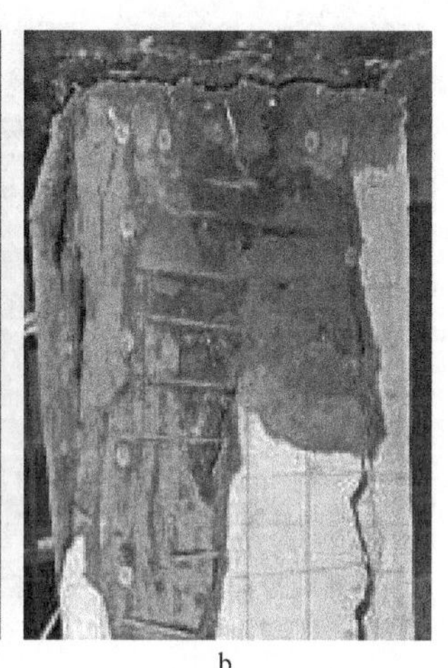

b

图 6-8 Z1 柱破坏形态

a—整体破坏；b—局部破坏

6.6.2.4 Z2 柱破坏过程

（1）Z2 柱的基本属性。HPFL-粘钢联合加固钢筋混凝土柱养护 5 天，聚合物砂浆强度 32.61MPa，接近混凝土立方体抗压强度 34.10MPa。

（2）Z2 柱的详细破坏过程。柱子四面贴标签 A、B、C、D。开始加载，当加载为 300kN 时，A 面顶部出现 2 条裂缝，长度为 12cm，B 面顶部中央也出现裂缝，并有延伸的趋势，长度为 17cm，宽度为 0.06mm；当加载至 360kN 时，B 面裂缝最宽处达到 0.2mm；继续加载，当加载至 400kN 时，裂缝宽度增加到 0.3mm，但无新裂缝出现；继续加载仍无新裂缝出现，当加载至 520kN 时，裂缝最宽处达到 0.34mm；当加载至 640kN 时，裂缝最宽处达到 0.4mm；当加载至 680kN 时，可以听到构件发出噼啪声；当加载至 840kN 时，裂缝最宽处达到 0.48mm；当加载至 1000kN 时，裂缝出现较多，A 面 D 侧底部出现一条裂缝并延伸到柱底，A 面 B 侧底部也出现一条裂缝；继续增加荷载，当加载至 1200kN 时，B 面 A 侧的底部角钢位置处出现裂缝；当加载到 1280kN 时，D 面 C 侧的顶部角钢位置处出现裂缝，该裂缝延伸至螺栓处；当荷载增加至 1360kN 时，裂缝宽度为 0. 7mm；增加至 1560kN 时，伴随着巨大的响声，A 面中部的下部沿横向迅速开裂外鼓，两侧角钢位置处也迅速开裂，构件中部出现一条明显的横向裂缝，随后 A 面 C 侧的角钢处裂缝变大，砂浆几乎处于剥离状态；当继续加载至 1640kN 时，裂缝最宽处达到 1. 2mm；当加载至 1720kN 时，角钢处的砂浆全部剥离、外鼓，构件迅速破坏，破坏状态如图 6-9a 所示，剥掉松散砂浆后的情况如图 6-9b 所示。

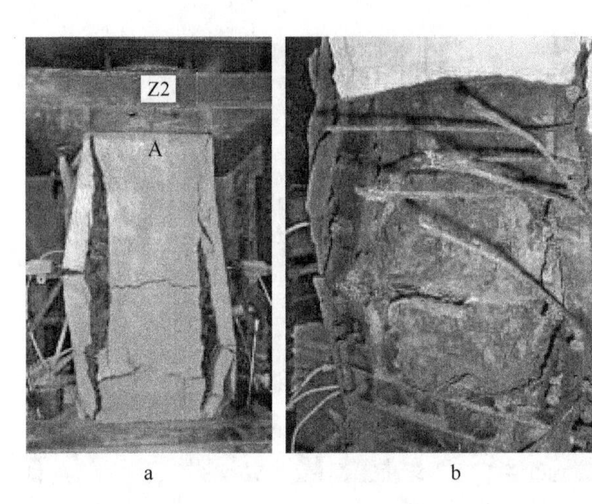

a　　b

图 6-9　Z2 柱破坏形态

a—整体破坏；b—局部破坏

6. 6. 2. 5　Z3 柱破坏过程

（1）Z3 柱的基本属性。HPFL-粘钢联合加固钢筋混凝土柱养护 5 天，聚合物砂浆强度 32. 61MPa，接近混凝土立方体抗压强度 34. 10MPa。

（2）Z3 柱的详细破坏过程。柱子四面贴标签 A、B、C、D。开始加载，当施加的荷载为 120kN 时，C 面底部 B 侧开始出现裂缝；加载至 240kN 时，A 面左边靠近 D 侧 10cm 处出现裂缝，裂缝宽度为 0. 06mm，构件内部可以听到微弱的噼啪声；加载至 540kN 时，A 面左边靠近 D 侧的裂缝沿螺栓的布置继续向下延伸，延伸长度达到 26cm，裂缝最宽处为 0. 1mm；当加载至 600kN 时，C 面 B 侧的底部出现裂缝并向上延伸，A 面上部中间也出现裂缝，裂缝最宽处达到 0. 15mm；荷载继续单调增加，当增加至 720kN 时，柱子四面均出现了新的裂缝；加载至 780kN 时，裂缝最宽处达到 0. 2mm；当加载至 900kN 时，裂缝最宽处达到 0. 3mm；当加载到 960kN 时，D 面 A 侧顶部出现裂缝，并斜着向左下方发展，裂缝最宽处达到 0. 35mm；当加载至 1140kN 时，裂缝最宽处达到 0. 6mm；当加载至 1320kN 时，裂缝最宽处达到 0. 7mm；当加载至 1480kN 时，构件发出比较明显的响声；当加载至 1520kN 时，裂缝最宽处达到 0. 88mm；当加载至 1770kN

时，柱子构件的四个角部裂缝明显增大，紧接着角部的砂浆沿着裂缝方向脱落，也就是角钢上螺栓的位置是砂浆脱落的主要部位，且构件中部出现明显的横向裂缝，裂缝宽度增大很快，构件中部明显外鼓，片刻后柱子构件破坏，Z3 柱的整体破坏形态如图 6-10a 所示。把构件中部空鼓的砂浆层剥离，如图 6-10b 所示，可以看到角钢和纵筋在距顶部 18cm 处被压弯，钢绞线被角钢的尖角剪短，此处主要出现了应力集中。继续剥离松散的混凝土和砂浆，如图 6-10c 所示，可以看到内部混凝土已经变得酥松，但加固层和混凝土粘结良好，两者共同的工作性能也较好。

a

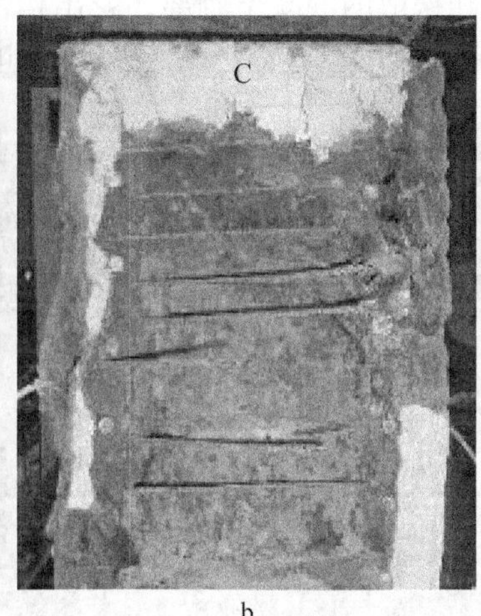

b

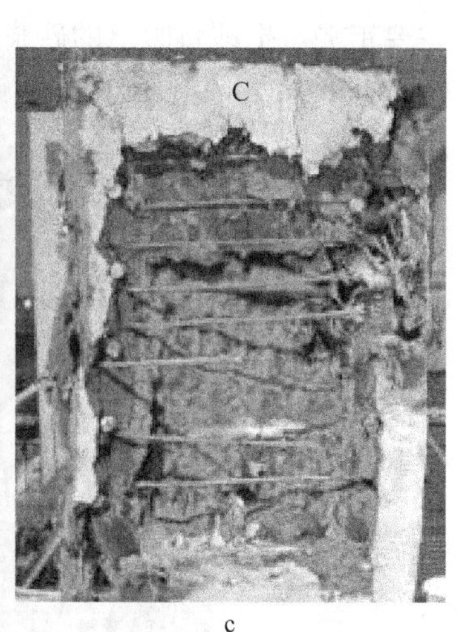

c

图 6-10　Z3 柱破坏形态

a—整体破坏；b—局部破坏 1；c—局部破坏 2

6.6.2.6　Z4 柱破坏过程

（1）Z4 柱的基本属性。HPFL-粘钢联合加固钢筋混凝土柱养护 5 天，聚合物砂浆强度 32.61MPa，接近混凝土立方体抗压强度 34.10MPa。

（2）Z4 柱的详细破坏过程。柱子四面贴标签 A、B、C、D。开始加载，当加载至 240kN 时，C 面中间偏上部位出现裂缝，长度为 3cm；当加载至 300kN 时，裂缝不断增多，D 面顶部 C 侧方向沿角钢位置上的第一个螺栓出现裂缝，且向左下方蔓延，A、D 面顶部中间部位也出现裂缝，裂缝最宽处达到 0.08mm；加载至 360kN 时，裂缝最宽处达到 0.1mm；加载至 460kN 时，裂缝最宽处达到 0.13mm；加载至 500kN 时，D 面 A 侧顶部沿螺栓方向有裂缝出现，新裂缝较少出现，沿着裂缝逐渐往柱子截面中部蔓延；加载至 620kN 时，C 面中间顶部的裂缝发展迅速，且向下延伸，长约 22cm，裂缝最宽处达到 0.15mm；当加载到 780kN 时，D 面底部中间出现裂缝，并且迅速向柱身延伸，裂缝最宽处达到

0. 25mm；继续加载，当加载达 940kN 时，AD 交角处出现裂缝，缝宽为 0. 28mm；加载到 1020kN 时，听见构件发出响声，D 面出现较多新裂缝，顶部有横向裂缝出现；当加载到 1100kN 时，测得最宽裂缝达到 0. 36mm；加载至 1220kN 时，测得最宽裂缝达到 0. 6mm；荷载为 1420kN 时，裂缝最宽处达到 0. 82mm；随着荷载不断单调递增，裂缝宽度变化迅速；当荷载加至 1460kN 时，裂缝宽度为 1. 03mm；加载至 1500kN 时，裂缝最宽处已经达到 1. 2mm；当荷载到 1656kN 时，伴随着噼啪的响声构件破坏，破坏形态如图 6-11a 所示。由图 6-11a 可以看出，构件四角的角钢发生弯曲，也是裂缝发展的主要部位，还可以看出裂缝的几个主要走势。把即将脱落的砂浆和松散的混凝土剥离，露出构件内部的形状，如图 6-11b 所示，可以看出内部角钢和纵筋已经被压弯，钢绞线也在角钢尖角处剪断。

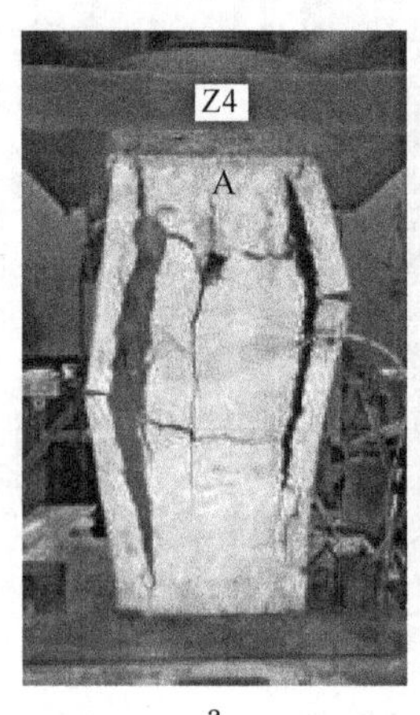

a

b

图 6-11　Z4 柱破坏形态

a—整体破坏；b—局部破坏

6. 6. 2. 7　Z5 柱破坏过程

（1）Z5 柱的基本属性。HPFL-粘钢联合加固素混凝土柱养护 5 天，聚合物砂浆强度 32. 61MPa，接近混凝土立方体抗压强度 34. 10MPa。

（2）Z5 柱的详细破坏过程。柱子四面贴标签 A、B、C、D。开始加载，当荷载加到 240kN 时，开始出现裂缝，具体位置在 A 面 D 侧和 D 面 A 侧的顶部，缝宽 0. 08mm；当荷载为 300kN 时，BC 交角顶部和 AD 交角底部出现裂缝，缝宽 0. 2mm；继续加载，当加载至 420kN 时，D 面下部的中间部位出现裂缝；加载至 480kN 时，各个面均出现许多裂缝，裂缝最宽处达到 0. 4mm；当荷载增大到 840kN 的过程中，裂缝的宽度没有很大发展，但边裂缝不断向中间延伸；当荷载停在 840kN 时，缝宽为 0. 5mm；当加载至 980kN 时，C 面 B 侧顶部的裂缝沿螺栓的位置迅速向下发展；当荷载达到 1300kN 时，在角钢位置的两侧，即沿角钢的竖向位置出现了大量的竖向裂缝，缝宽为0.6mm；加载至1300kN时，裂缝的最大宽度达到0.7mm；当加载至1550kN时，裂缝的最大宽度达到0.8mm；当加载至1640kN时，构件发出巨大的响声，随即破坏。Z5柱的整体破坏状态如图6-12a所示，构件破坏时角钢发生很大的压弯变形，且四个面中部空鼓严重，仅有很大的横向裂缝。把即将脱落的砂浆混凝土松散层剥落，可以看到构件内部，如图6-12b所示，钢绞线在角钢尖角处拉断，加固层与混凝土层共同的工作性能良好。

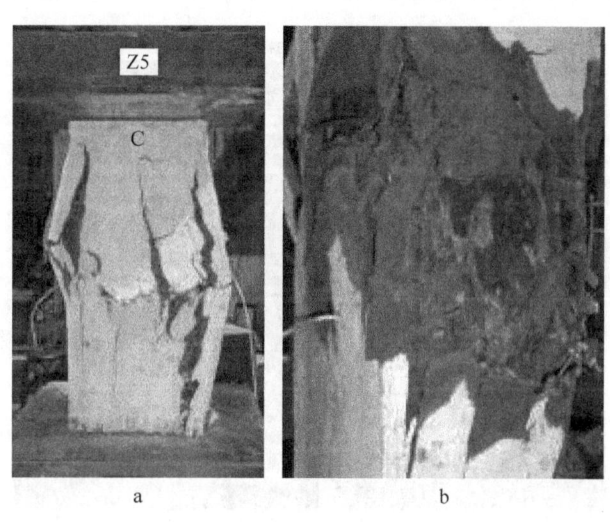

图6-12 Z5柱破坏形态
a—整体破坏；b—局部破坏

6.6.2.8 Z6柱破坏过程

（1）Z6柱的基本属性。HPFL-粘钢联合加固素混凝土柱养护5天，聚合物砂浆强度32.61MPa，接近混凝土立方体抗压强度34.10MPa。

（2）Z6柱的详细破坏过程。柱子四面贴标签A、B、C、D。开始加载，施加荷载为240kN时，CD交角的顶端部位出现裂缝，缝宽0.1mm；当施加荷载为360kN时，D面A侧下部出现裂缝，并不断地向构件中部蔓延；当加载至480kN时，D面C侧靠近顶部位置出现裂缝，A面B侧靠近柱底部位出现裂缝并向上延伸，长度为22cm，最大缝宽为0.16mm。当加载到540kN时，A面的中部和下部均出现裂缝；当加至600kN时，裂缝最宽处为0.2mm；继续加载，当达到660kN时，CD交角顶部裂缝向下延伸迅速；当加载至840kN时，构件中部出现大量裂缝，且裂缝发展迅速，缝宽达到0.4mm；荷载加载至900kN时，裂缝最宽处为0.5mm；继续加载，当加载至1100kN时，缝宽为0.8mm；加载至1140kN时，缝宽为1.2mm，且伴随着噼啪响声；加载至1180kN时，缝宽增加到1.3mm；加载至 1220kN 时，出现了较多新裂缝，构件的中部出现了多条裂缝，构件的各个角部也出现了多条裂缝，旧裂缝的宽度不断加宽，且边裂缝不断向中间发展；当荷载加载至 1680kN 时，听到很大的崩裂声，随即构件破坏，Z6 柱的破坏状态如图 6-13a 所示，可以看出竖向裂缝在角钢方向发展很大，成为主裂缝，砂浆沿角钢剥离脱落。部分角钢露出，构件截面空鼓，把表面的松散层剥落，如图 6-13b 所示，可以看出钢绞线与加固层砂浆粘结良好，不易拽下，说明两者共同的工作性能良好，且钢绞线在角钢的尖角处拉断。

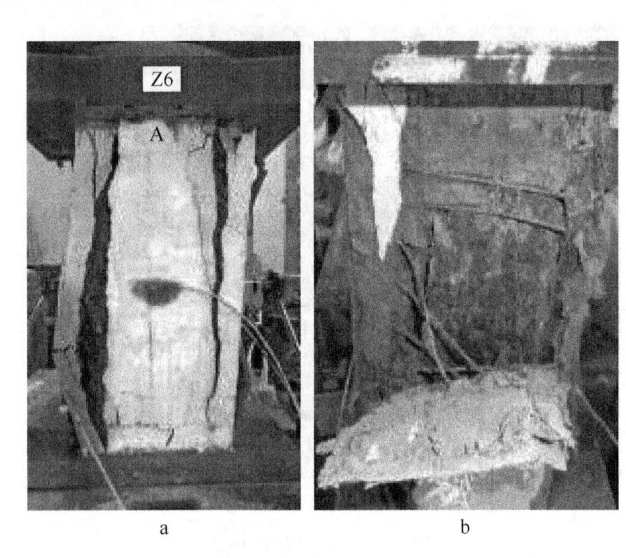

a　　　　b

图 6-13　Z6 柱破坏形态
a—整体破坏；b—局部破坏

6.7　本章小结

本章详细介绍了 HPFL-粘钢联合加固 RC 方柱的加固制作过程和轴压试验加载过程，具体给出了试验各材料的详细参数、试验对比柱的设立原则、试件设计和构件加固步骤；试件在加载过程中仪器仪表的安装、加载方案、数据采集方法和试验测试。

通过试验，本章给出了素混凝土柱、钢筋混凝土柱、HPFL-粘钢联合加固钢筋混凝土柱和 HPFL-粘钢联合加固素混凝土柱的极限承载力值、承载力提高幅度和最大位移值，明显地看到了加固柱的承载力提高优势。另外，根据裂缝的发展，本章对每一根试验构件的破坏过程作了详细描述，分析了在不同承载力下裂缝的发展趋势和构件最终的破坏形态。

7 HPFL-粘钢联合加固 RC 柱约束本构关系

7.1 概述

HPFL-粘钢联合加固钢筋混凝土柱是一种新型的加固方法，从上一章试验部分知道加固以后的柱子的承载力、延性、耗能能力比未加固柱均提高了很多，而且这种加固方法节约空间，节省材料，操作方便。为了让人们能更全面具体地了解此种加固方法，笔者把 HPFL-粘钢联合加固钢筋混凝土柱作为一种复合材料柱，找出此种复合材料的约束本构关系，为它的受力及破坏过程提供强有力的依据。

7.2 试验结果分析

7.2.1 破坏形态及承载能力分析

（1）图 7-1 和图 7-2 分别是未加固素混凝土柱 Z01 和钢筋混凝土柱 Z02 的荷载 - 轴向位移曲线对比图，从图中可以看出两者的破坏形态基本分为两个阶段，第一阶段为弹性阶段，第二阶段为弹塑性阶段。Z01 柱在荷载达到峰值荷载的 50% 左右进入弹塑性阶段，随着荷载的增加，Z01 柱沿竖向出现许多细小裂缝，伴随着“吱吱”声响，裂缝很快变大，柱子由裂缝形成许多列柱子，随即崩裂破坏。此种破坏形态属于典型的脆性破坏。

Z02 柱是在荷载达到 80% 左右进入了第二阶段，其弹性阶段远大于 Z01 柱，这是因为柱子中的纵筋和箍筋形成了一个钢筋笼，有效地约束了柱子中间的混凝土，使其强度和延性有了明显的提高。Z02 柱进入第二阶段后沿竖向逐渐出现了裂缝，且慢慢变多，且随着荷载的增加竖向位移明显，直至破坏。

（2）HPFL-粘钢联合加固钢筋混凝土柱 Z1 ~ Z4 的加固及受力状况一致，以 Z4 柱为例，其荷载 - 轴向位移曲线如图 7-3 所示。Z4 柱的破坏过程分为三个阶段，第一阶段为弹性阶段，第二阶段为弹塑性阶段，第三阶段为破坏阶段。从图 7-3 中可以看出，Z4 柱比 Z01 柱和 Z02 柱优势明显，第一阶段显著延长，而且整体的承载能力和位移延性明显提高很多。第一阶段的线条不是完全呈直线，这是因为在加载初期柱子上下表面不是非常平整，而且加固材料（如角钢）的局部

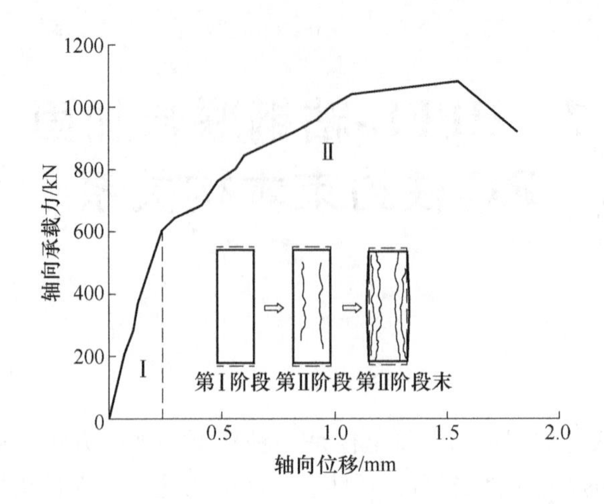

图 7-1　未加固素混凝土柱 Z01 的荷载 - 轴向位移曲线

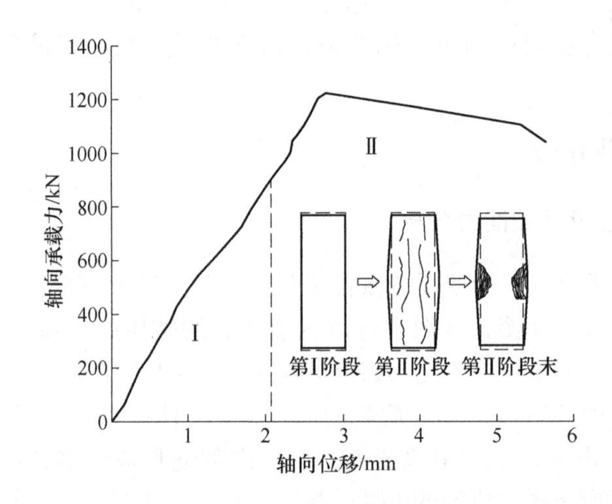

图 7-2　钢筋混凝土柱 Z02 的荷载 - 轴向位移曲线

承载力不同，柱子的顶部出现了细小裂缝，且沿着角钢和螺栓的部位也出现了细微裂缝，随着时间的增加趋于平稳状态。进入弹塑性阶段以后，裂缝逐渐向端部延伸，角钢部位裂缝增大明显，伴随着“吱吱”的响声，可以知道柱子截面在发生横向和纵向变形，钢绞线处于受拉状态。随即进入破坏阶段，柱子中间部位砂浆空鼓，部分掉落，柱子角部砂浆掉落，随着荷载的增加掉落严重；用手取掉已经剥离的砂浆，可以看到角钢弯曲，且角钢尖角部位的钢绞线剪断。但注意到构件侧面的砂浆和混凝土粘结良好，角部的角钢虽然弯折，但和混凝土之间仍有极大的粘结力；钢绞线虽然断裂，但和混凝土之间的力依旧非常大，它们对加固柱子的承载力提高仍然有重大的作用。

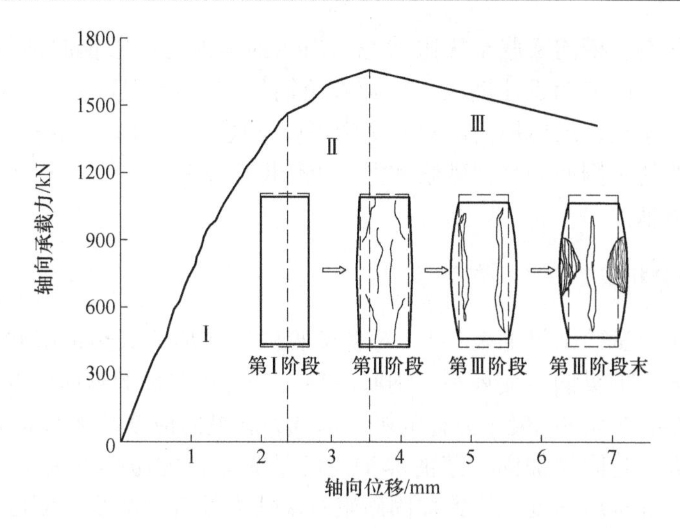

图 7-3 HPFL-粘刚联合加固钢筋混凝土柱 Z4 的荷载 - 轴向位移曲线

（3）HPFL-粘刚联合加固素混凝土柱 Z5 柱和 Z6 柱情况相同，以 Z5 柱为例，其荷载 - 轴向位移曲线如图 7-4 所示。Z5 柱的破坏过程也分为三个阶段，在弹性阶段，由于不可避免的人为原因，柱子上下表面不是绝对水平，所以柱子开始处于局部受压状态，其竖向承载力主要由混凝土和角钢承担；随着荷载的增加部分截面由受压转为全截面受压，由于截面应力的改变，弹性阶段的直线产生了一个跳动。当进入到第二阶段时，角钢和螺栓周围的裂缝逐渐变多且宽度增加，伴随着“吱吱”声响，柱子中部混凝土截面变大，钢绞线处于受拉状态，竖向位移明显增大，刚度逐渐减小。第三阶段为破坏阶段，混凝土在三轴应力状态下处

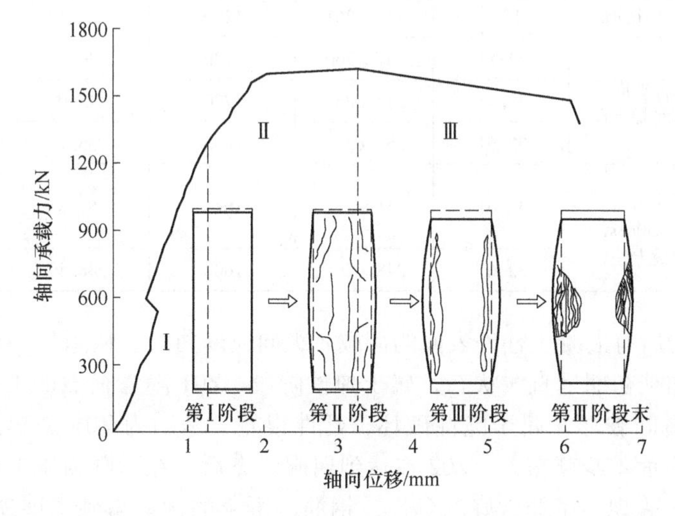

图 7-4 HPFL-粘钢联合加固素混凝土柱 Z5 的荷载 - 轴向位移曲线

于积压流动状态，横向膨胀至极限状态，当达到承载力极限值时曲线开始下降。角钢和螺栓部位的裂缝迅速增大，伴随着角钢外侧的砂浆脱落，崩裂声响过后，柱子中部空鼓明显，最后掉落。观察实物可以发现角钢弯曲，钢绞线在角钢部位剪断，最重要的是侧面的高强砂浆和混凝土依旧联结良好，这为柱子承载力的提高做了很多贡献。

7.2.2　应变分析

得到的主要试验结果见表 7-1。对各试验构件施加荷载至极限状态时，素混凝土对比柱 Z01 的纵向应变最小，钢筋混凝土对比柱 Z02 的纵向应变次之，而用 HPFL-粘钢联合加固的混凝土方柱的极限承载力和纵向应变均明显提高。Z1 柱的纵向应变最大，是因为加固砂浆的养护时间是 3 天，抗压强度为 13.80MPa，远远没有达到标准抗压强度，导致加固砂浆对承载力的贡献减少，刚度减小，这是 Z1 柱的纵向应变最大的主要原因。Z2 ~ Z4 柱的应变值相差不大，承载力提高幅度都在 35% ~50% 之间，说明这种加固方法稳定，承载力提高明显。Z5 ~ Z6 柱的纵向应变相差很小，承载力提高幅度也很接近。

表 7-1　主要试验结果

试件编号	柱加固类型	加固砂浆强度/MPa	截面尺寸/mm × mm	极限承载力/kN	承载力提高幅度/%	纵向应变/ $\times 10^6$
Z01	素混凝土对比柱	—	202 × 204	1080	—	3416
Z02	钢筋混凝土对比柱	—	202 × 203	1220	—	4616
Z1	HPFL-粘钢	13.8	253 × 261	1490	22.13	9966
Z2	联合加固钢筋混凝土柱	32.61	257 × 260	1720	40.98	5733
Z3		32.61	243 × 261	1770	45.08	6083
Z4		32.61	251 × 257	1656	35.74	7083
Z5	HPFL-粘钢联合加固素混凝土柱	32.61	251 × 252	1640	51.85	5416
Z6		32.61	248 × 261	1608	48.89	5300

图 7-5 为所有混凝土柱外表面的荷载 - 纵向应变曲线。从图 7-5 中可以看出，Z01 ~ Z6 在加载初期呈直线状态，属于弹性阶段，Z01 随着荷载的不断增大，达到屈服阶段瞬间破坏，属于脆性破坏，延性很差，是因为 Z01 是素混凝土对比柱，在延性方面本身就很差。Z02 在达到屈服状态后，在承载力不变的情况下应变持续增加，表现出了非常好的延性，钢筋混凝土的优势得到了展现。HPFL-粘钢联合加固混凝土柱 Z1 ~ Z6 外表层的荷载 - 纵向应变曲线表现的是加固砂浆的

性能，因为应变片是直接贴在砂浆表面的，从图7-5中可以看出，大部分的曲线斜率都大于未加固柱Z01和Z02，这说明在相同的应变条件下加固柱能承受更多的荷载，而且砂浆对承载能力的提高做了贡献；图7-5中部分加固柱的曲线斜率小于未加固柱，可能是因为在加载时加固柱上下表面不平整对砂浆造成了应变增大，但随着加载的不断进行，斜率还是体现在了主趋势上，均大于未加固柱的斜率；加固柱荷载-纵向应变曲线在达到一定的高度后终止，没有表现出后期的延性，这是因为随着承载力的不断加大，砂浆表面的应变片被撕裂，丧失测试能力；加固后轴向承载力比未加固时承载力提高非常显著，这是对加固效果的肯定。

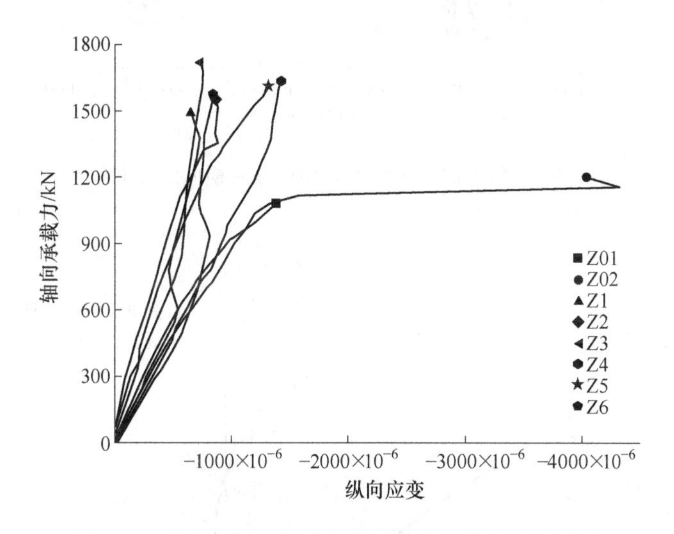

图7-5 所有混凝土柱外表层的荷载-纵向应变曲线

图7-6为所有混凝土柱外表层荷载-横向应变曲线，同样Z01和Z02的荷载-横向应变曲线直接反映的是核心混凝土的应变性质，而Z1~Z6的应变片是直接贴在表面的加固砂浆层上，所以其对应的曲线反映的是加固层砂浆的性质。因为是横向应变，轴压试验过程中柱子截面横向多为变宽，所以规定尺寸增加为正，减少为负。但是，从图7-6中可以看出，部分曲线在达到一定高度后出现回折，应变变为负值，这主要是因为：随着轴向荷载的不断增加，沿着柱子角钢螺栓部位出现微弱裂缝，截面有轻微的外鼓，但高强钢绞线约束竖向角钢和侧面混凝土，致使它们在竖向不会出现较大的变形。在荷载不断加大的同时，砂浆加固层在角钢螺栓部位承受的剪力也在不断地加大，致使角部砂浆外鼓，对侧面中心部位造成挤压，故应变成为负值。

因为加固柱Z2~Z4的加固方法和加载形式一致，Z5~Z6也是情况一致，所以取Z01，Z02，Z4，Z5的荷载-应变曲线单独分析即可。

图7-7为未加固素混凝土柱Z01的荷载-应变曲线，在相同承载力下柱子的

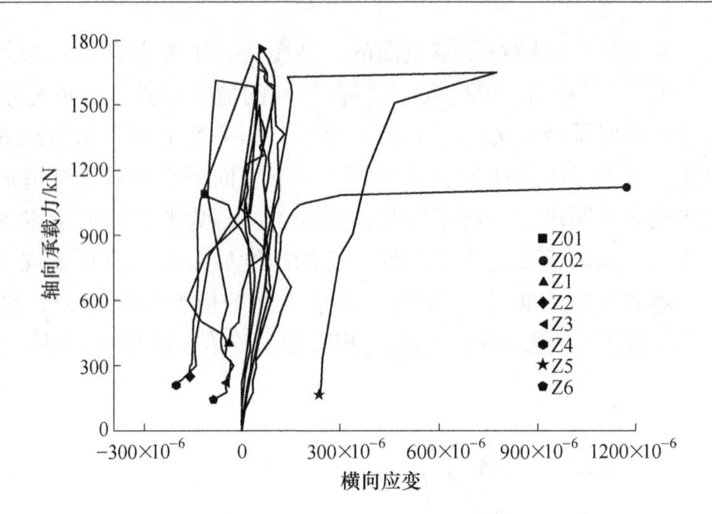

图 7-6 所有混凝土柱外表层荷载 - 横向应变曲线

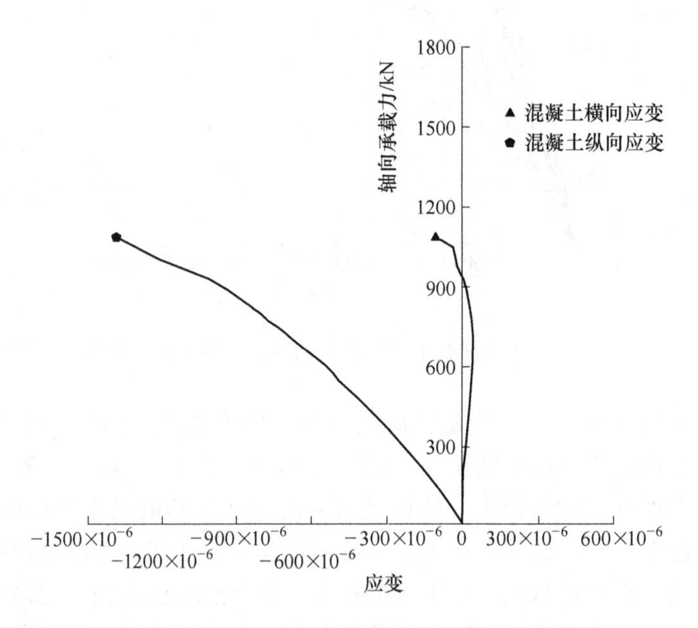

图 7-7 未加固素混凝土柱 Z01 的荷载 - 应变曲线

混凝土横向应变值远远小于其本身的纵向应变值。从图 7-7 中看到，在加载初期随着荷载的增大混凝土的纵向应变呈线性变化，而横向应变几乎为 0。当荷载超过 200kN 以后混凝土出现横线应变，纵向应变曲线的曲率减小，说明素混凝土开始进行塑性变形。图 7-7 中横向应变随着荷载的增加由正值变为了零，且出现了负值，这是因为在试验过程中有一道裂缝穿过了应变片，裂缝两边产生挤压，使应变片中间部位内凹，所以出现曲线中的现象。随着裂缝的增加，一声崩裂响后，裂缝处成主要破坏缝，柱子发生脆性破坏。

图7-8为未加固钢筋混凝土柱Z02的荷载-应变曲线，从图中可以看出钢筋与混凝土之间粘结力和共同工作性能非常好，无相对滑移。荷载在小于1100kN时原柱箍筋应变和混凝土横向应变基本重合，展现出了非常好的受力状态；在达到极限荷载时，混凝土被压碎，箍筋达到屈服状态。当荷载在900kN以内时，原柱纵筋的应变和混凝土的纵向应变基本重合，共同工作能力良好，直至混凝土被压碎。综上所述，弹性阶段是Z02柱破坏过程的主要阶段。

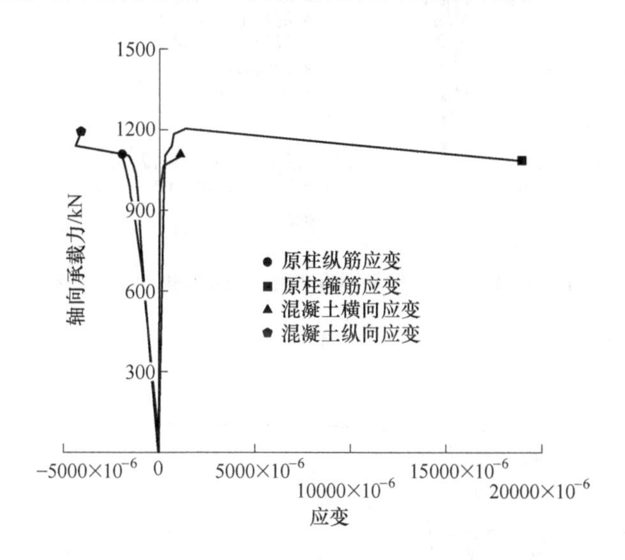

图7-8 未加固钢筋混凝土柱Z02的荷载-应变曲线

图7-9是联合加固钢筋混凝土柱Z4的荷载-应变曲线，当承载力小于600kN时，钢绞线应变、原柱箍筋应变和混凝土横向应变基本重合，角钢应变、原柱纵筋应变和混凝土纵向应变基本重合，这个阶段属于弹性阶段，曲线呈直线形状。从图7-9中可以看到，在原柱箍筋和混凝土横向应变都非常小时钢绞线就出现了较大应变，这是因为钢绞线在捆绑过程中，由于人为原因不会达到非常理想的紧绷状态，所以随着承载力的增加钢绞线应变会发生一个小范围突变。进入弹塑性阶段以后，角钢应变、原柱纵筋应变和混凝土的纵向应变发生分离，钢绞线的弹性模量最大，所以在相同荷载下其应变最小。从总体上可以看出，各加固材料间的相互协作工作能力强，它们充分发挥了作用。

图7-10是联合加固素混凝土柱Z5的荷载-位移曲线，在加载初期各材料的应变几乎为零，且呈直线形状。随着荷载的增加，钢绞线的应变增大最快，这是因为人为原因钢绞线没有被完全箍紧，一旦增加荷载钢绞线的应变就会迅速增大，之后趋于平稳。但在加载后期钢绞线并没有达到本身的屈服强度就被角钢的尖角剪断，也没有充分发挥它的性能。混凝土横向应变变化微小，说明整个加载

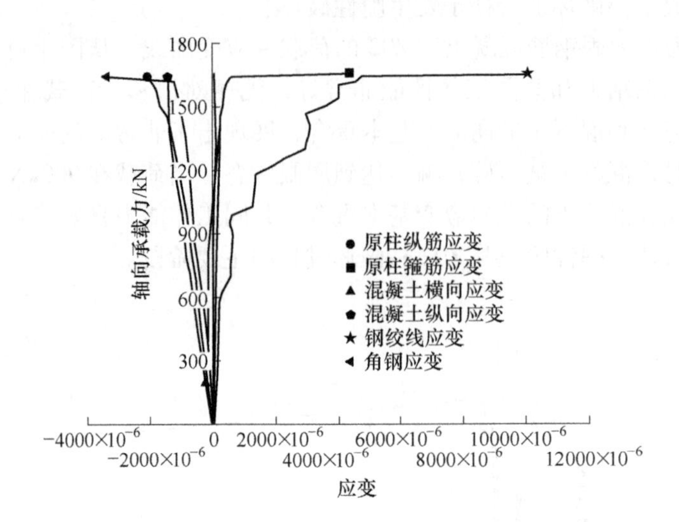

图 7-9　联合加固钢筋混凝土柱 Z4 的荷载 - 应变曲线

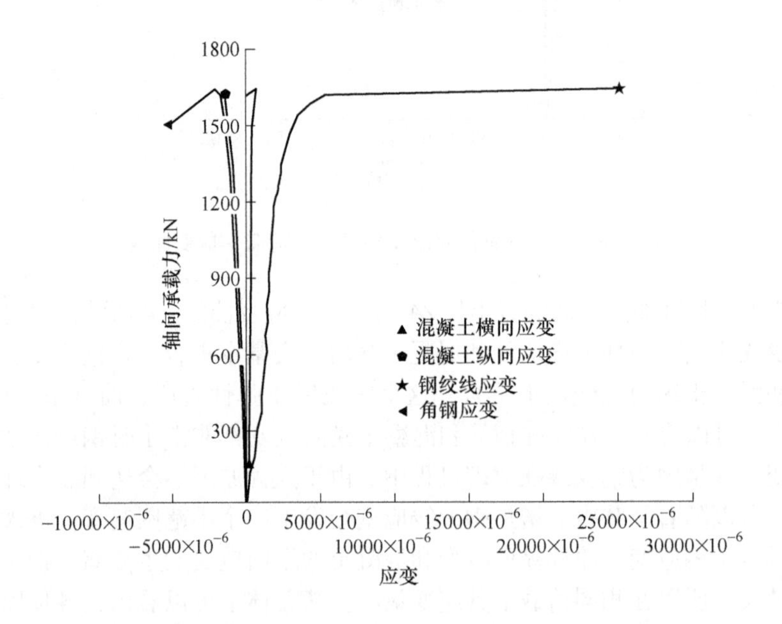

图 7-10　联合加固素混凝土柱 Z5 的荷载 - 应变曲线

过程角钢和钢绞线及高强砂浆充分地对混凝土进行了约束。加载全过程中角钢应变和混凝土纵向应变基本完全重合，但角钢略比混凝土的纵向应变大，说明了角钢的良好受力性能以及角钢全程无滑移，与混凝土有非常好的粘结，这个现象与实验过程中角钢周围产生许多裂缝相互呼应。

7.3 分析模型

HPFL-粘钢联合加固方法是本书提出的一种新型的加固方法。为了方便研究，本书把 HPFL-粘钢联合加固 RC 方柱整体当作一种复合材料方柱讨论，这种材料的材性如抗压强度、抗拉强度、弹性模量、应力－应变关系需要有清楚的认识，这样便于此加固方法在工程实践中的应用。上文中提到了已有的几种约束混凝土的应力－应变关系，分析了各自的情况，并采用 Mander 模型作为 HPFL-粘钢联合加固 RC 方柱的本构模型。

7.3.1 应力－应变全曲线分析

图 7-11 为各试验柱的荷载－位移（P-Δ）曲线，Z2 ~ Z4 加固过程和加载方式完全一样，在图 7-11 中表现的曲线形状也非常一致，据此可以认为 HPFL-粘钢联合加固钢筋混凝土的应力－应变典型曲线如图 7-12 所示，同理 Z5 ~ Z6 曲线的形状基本一致也证实了曲线的典型性。

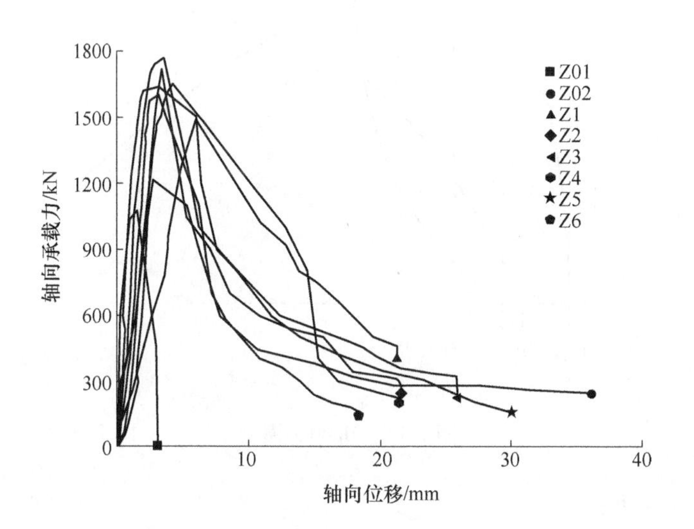

图 7-11 所有混凝土柱的荷载－位移曲线

7.3.2 现有约束混凝土的应力－应变模型

7.3.2.1 Mander 模型

1988 年，Mander 等对圆形、方形、矩形三种截面形式以及螺旋箍、菱形箍，八边形复合箍等多种配箍方式进行了试验，提出了图 7-13 所示的模型。

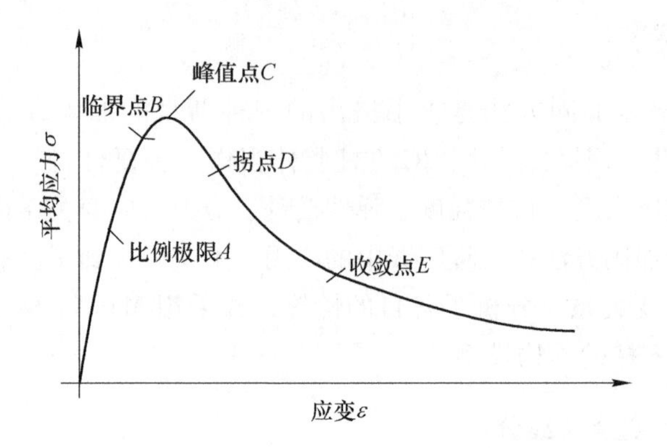

图 7-12　HPFL-粘钢联合加固钢筋混凝土的应力 - 应变典型曲线

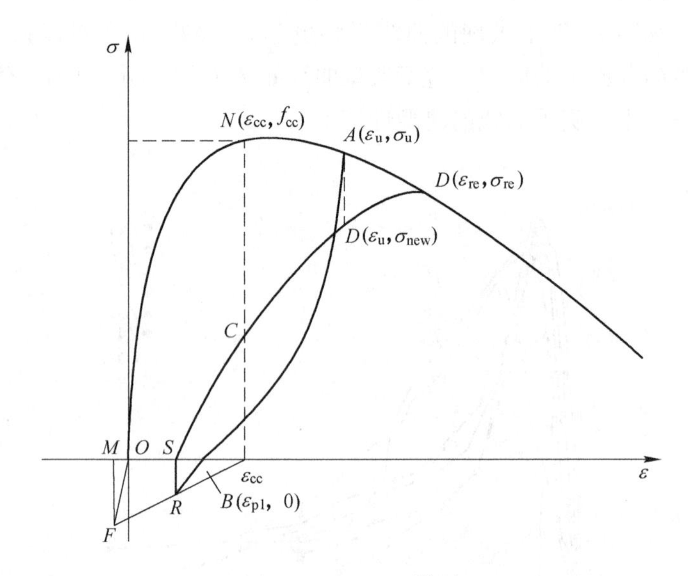

图 7-13　Mander 模型

主要公式如下：

（1）骨架曲线 *ONAD* 段的公式为：

$$\sigma = \frac{f_{cc} x r}{r - 1 + x^r} \tag{7-1}$$

式中，$x = \dfrac{\varepsilon}{\varepsilon_{cc}}$；$r = \dfrac{E_c}{E_c - E_{sec}}$，$E_{sec} = \dfrac{f_{cc}}{\varepsilon_{cc}}$。

卸载曲线 *AB* 段公式为：

$$\sigma = \sigma_u - \frac{\sigma_u x_2 r_2}{r_2^2 - 1 + x_2^{r_2}} \tag{7-2}$$

式中，$r_2 = \dfrac{E_u}{E_u - E_{sec2}}$，$E_{sec2} = \dfrac{\sigma_u}{\varepsilon_u - \varepsilon_{pl}}$；$x_2 = \dfrac{\varepsilon - \varepsilon_u}{\varepsilon_{pl} - \varepsilon_u}$；$E_u$ 为卸载线的初始切线模量。

（2）再加载曲线由两部分构成，其中 SC 段为直线，CD 段为二次抛物线。直线段公式为：

$$\sigma = \sigma_r + E_r(\varepsilon - \varepsilon_r) \tag{7-3}$$

曲线段公式为：

$$\sigma = \sigma_{re} + E_{re}x_3 + Ax_3^2 \tag{7-4}$$

式中，

$$E_r = \frac{\sigma_r - \sigma_{new}}{\varepsilon_r - \varepsilon_u} \tag{7-5}$$

$$x_3 = \varepsilon - \varepsilon_{re} \tag{7-6}$$

$$A = \frac{E_r - E_{re}}{-4[(\sigma_{new} - \sigma_{re}) - E_r(\varepsilon_u - \varepsilon_{re})]} \tag{7-7}$$

E_{re}为对应于图 7-13 中骨架曲线上 D 点的切线模量；σ_{new}为 C 点对应的应力。骨架曲线 $ONAD$ 段公式中f_{cc}的计算公式：

$$f_{cc} = f'_{co}\left(-1.254 + 2.254\sqrt{1 + \frac{7.94f'_1}{f'_{co}}} - 2\frac{f'_1}{f'_{co}}\right) \tag{7-8}$$

其中：

$$f_{cc} = f'_{co} + k_1 f_1 \tag{7-9}$$

$$f'_1 = \frac{1}{2}k_e\rho_s f_{yh} \tag{7-10}$$

$$k_e = \frac{1 - \dfrac{S'}{2d_s}}{1 - \rho_{cc}} \tag{7-11}$$

$$\rho_s = \frac{A_{sp}\pi d_s}{\dfrac{\pi}{4}d_s^2 s} = \frac{4A_{sp}}{d_s s} \tag{7-12}$$

$$\varepsilon_{cc} = \varepsilon_{co}\left[1 + 5\left(\frac{f'_{cc}}{f'_{co}} - 1\right)\right] \tag{7-13}$$

式中 f'_{cc}——非约束混凝土的强度；

f'_{co}——无约束混凝土的抗压强度；

k_1——侧向作用下的轴压应力的增大系数，经过试验研究，$k_1 = 4.1$，此处取 4.0；

f_1——侧向约束应力；

f_{yh}——钢筋的屈服强度；

ρ_{cc}——纵筋约束的核心区域所占面积的比率；

S'——箍筋与箍筋内侧间距；

s——箍筋与箍筋外侧间距；

d_s——螺旋箍筋的直径；

A_{sp}——横向约束钢筋的面积。

7.3.2.2　张秀琴模型

该模型对不同配箍率的约束混凝土在反复荷载下的应力－应变全曲线进行了试验，提出了相应的方程，模型如图 7-14 所示。

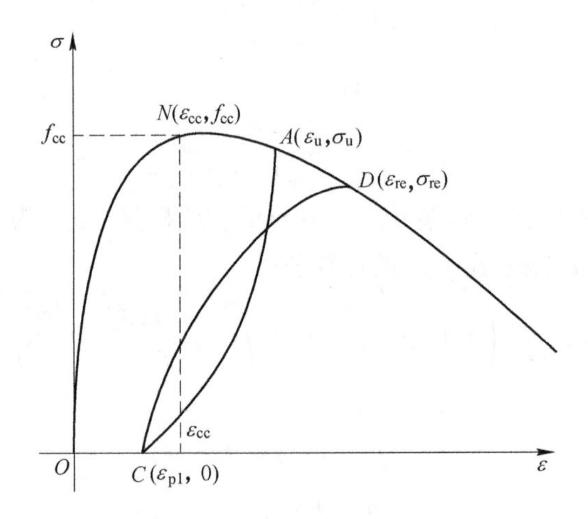

图 7-14　张秀琴模型

主要公式如下：

骨架曲线 *ONAD* 段公式，其中包括上升段与下降段两部分：

$x = \dfrac{\varepsilon}{\varepsilon_{cc}} \leqslant 1$ 时，

$$y = \frac{\sigma}{f_{cc}} = a_k x + (3 - 2a)x^2 + (a_k - 2)x^3 \tag{7-14}$$

$x = \dfrac{\varepsilon}{\varepsilon_{cc}}$时，

$$y = \frac{x}{\alpha_k (x - 1)^2 + x} \tag{7-15}$$

式中，a_k 和 α_k 为独立的试验参数，取决于试件的含箍特征值 λ_k。用最小二乘法确定的参数计算式列于表 7-2。

表 7-2 箍筋约束混凝土应力应变包络线（全曲线）方程参数

混凝土标号	使用水泥标号	素混凝土			箍筋约束混凝土		
		a	α	$\varepsilon_1/\times10^{-5}$	α_k/α	a_k/a	$\varepsilon_{1k}/\varepsilon_1$
200	400	2.2	0.4	1.40	$1+1.8\lambda_k$	$1-1.8\lambda_k^{0.55}$	$1+3\lambda_k$
300	500	2.2	0.8	1.60			
400	500	1.7	2.0	1.80	$1+3\lambda_k$	$1-1.5\lambda_k^{0.55}$	$1+2.5\lambda_k$

注：a_k 按表 7-2 中公式计算，但不大于 3.0。

其中：

$$\lambda_k=\rho_v\frac{f_{yv}}{f_c}=\frac{A_{sso}f_{yv}}{A_{cor}f_c} \tag{7-16}$$

$$A_{sso}=\frac{\pi d_{cor}A_{ssl}}{S} \tag{7-17}$$

式中 ρ_v——箍筋的配筋率；

f_{yv}——箍筋的屈服强度；

A_{cor}——核心混凝土的截面积，取箍筋内皮直径 d_{cor}；

A_{ssl}——单根间接钢筋的截面面积；

S——沿构件轴线方向间接钢筋的间距。

7.3.2.3 Sheikh 模型

1980 年，Sheikh 和 Uzumeri 试验研究了四种不同复合配箍截面形式、不同配箍率及箍筋间距等的轴心受压约束混凝土试件的强度与延性。该模型如图 7-15 所示。

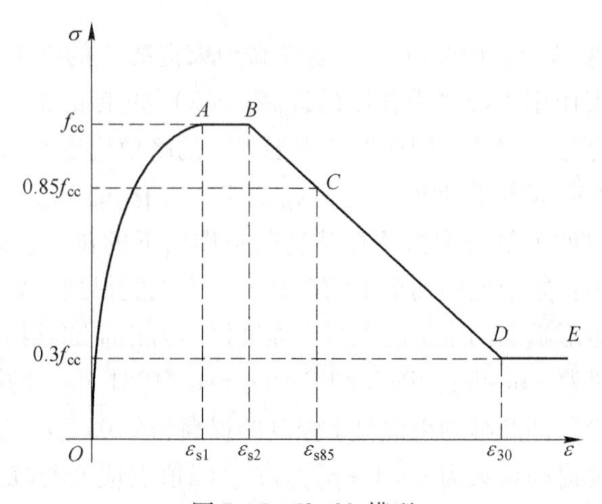

图 7-15 Sheikh 模型

主要公式如下。

OA 段：

$$\sigma = -\frac{f_{cc}}{\varepsilon_{s1}'}\varepsilon^2 + \frac{2f_{cc}}{\varepsilon_{s1}}\varepsilon \tag{7-18}$$

AB 段：

$$\sigma = f_{cc} \tag{7-19}$$

BD 段：

$$\sigma = 0.15 f_{cc}\frac{\varepsilon - \varepsilon_{s2}}{\varepsilon_{s2} - \varepsilon_{s85}} + f_{cc} \tag{7-20}$$

DE 段：

$$\sigma = 0.3 f_{cc} \tag{7-21}$$

$$\frac{f_{cc}}{f_c} = k_s = 1 + \frac{B^2}{140P_{cc}}\left[\left(1 - \frac{nc^2}{5.5B^2}\right)\left(1 - \frac{s}{2B}\right)^2\right]\sqrt{\rho_s f_s'} \tag{7-22}$$

式中　B——核心面积的边长；

n，c——纵筋的数量和间距；

s——箍筋间距；

P_{cc}——核心混凝土不受约束时的承载力；

f_c——混凝土的抗压强度；

f_{cc}——非约束混凝土的强度；

f_s'——非约束区钢筋的抗拉强度；

ρ_s——原柱截面配筋率。

7.3.2.4　Park 模型和 Kent-Park 模型

Kent-Park 模型认为：（1）矩形箍筋提高约束混凝土的强度有限，因此没有考虑矩形箍筋约束作用下混凝土强度的提高。（2）约束混凝土达到其抗压强度以前，箍筋是没有起作用的，因此取约束混凝土的峰值应变为 0.002。（3）下降段斜率由对应于 50% 峰值强度处的应变 ε_{50} 决定，且有 $\varepsilon_{50} = \varepsilon_{50h} + \varepsilon_{50u}$。

Park 模型通过四个复合配箍柱在反复荷载作用下的试验，改造了 Kent-Park 模型。该模型认为：矩形箍筋约束下的混凝土强度也能得到有效改善，在相同的体积配箍率下，矩形箍筋约束下的混凝土强度提高为相应圆箍约束下的混凝土强度提高的一半。借鉴 Priestley，Park 和 Potangaroa（1981 年）的圆箍约束混凝土试验中得到的结论，即圆箍约束混凝土强度的提高为 $2.05 f_{yh} r_v / f_c$，给出矩形箍筋约束下混凝土强度提高系数为 $k = 1 + \rho_v f_{yh} / f_c$，峰值点应变与峰值强度提高倍数相同。模型如图 7-16 所示。

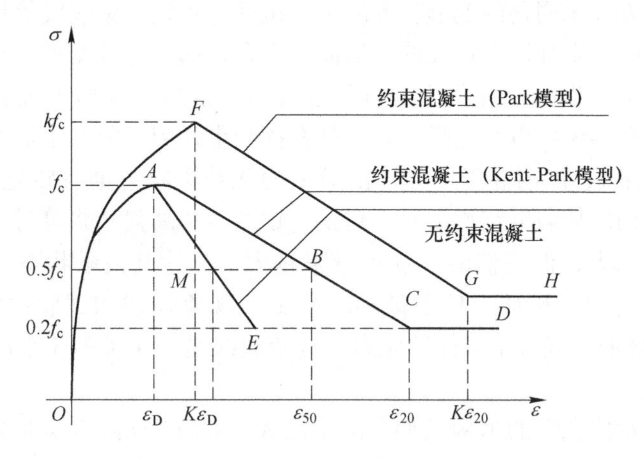

图 7-16 Park 模型

Park 模型计算公式如下：

OF 段：$\varepsilon \leqslant 0.002k$ $\qquad \sigma = kf_c\left[\frac{2\varepsilon}{0.002k} - \left(\frac{\varepsilon}{0.002k}\right)^2\right]$ (7-23)

FG 段：$\varepsilon < 0.002k$ $\qquad \sigma = kf_c[1 - Z(\varepsilon - 0.002k)]$ (7-24)

其中，Z 为下降段坡度，决定于体积配箍率、箍筋间距、素混凝土强度。

7.3.2.5 汇总（见表 7-3）

表 7-3 部分箍筋约束混凝土的应力应变模型

名称	上升段	下降段	形状
Mander 模型	$\sigma = \frac{f_{cc}xr}{r-1+x^r}$	$\sigma = \frac{f_{cc}xr}{r-1+x^r}$	圆形、方形、矩形
张秀琴模型	$y = \frac{\sigma}{f_{cc}} = a_k x + (3-2a)x^2 + (a_k - 2)x^3$	$y = \frac{x}{a_k(x-1)^2 + x}$	棱形
Sheikh 模型	$\sigma = -\frac{f_{cc}}{\varepsilon_{s1}'}\varepsilon^2 + \frac{2f_{cc}}{\varepsilon_{s1}}\varepsilon$	$\sigma = 0.15f_{cc}\frac{\varepsilon - \varepsilon_{s2}}{\varepsilon_{s2} - \varepsilon_{s85}} + f_{cc}$	圆形、矩形、方形
Park 模型	$\sigma = kf_c\left[\frac{2\varepsilon}{0.002k} - \left(\frac{\varepsilon}{0.002k}\right)^2\right]$	$\sigma = kf_c[1 - Z(\varepsilon - 0.002k)]$	矩形

7.3.3 本书使用的模型

通过对 HPFL-粘钢联合加固钢筋混凝土方柱的试验曲线分析，可以知道其应力-应变曲线大致可以分为三个阶段，第一阶段为荷载加载初期，HPFL-粘钢联合加固混凝土方柱无明显的变形，混凝土、钢筋、角钢、钢绞线等均属于弹性变形，其变形曲线与未加固对比柱的变形曲线重合，属于弹性变形阶段。第二阶段随着荷载的增加，当超过混凝土的抗压强度时，混凝土开始出现裂缝并发生膨胀，这时角钢和钢绞线以及高强砂浆充分发挥约束作用，限制了混凝土的裂缝开展，HPFL-粘钢联合加固混凝土方柱由原来的无约束状态彻底转化为约束状态。第三阶段，当轴压荷载继续增加时，角钢、钢绞线和高强砂浆等对核心混凝土的约束应力越来越大，但它们的应变也越来越大，当达到极限状态时钢绞线被拉断，核心区的混凝土破碎，柱子破坏。从试验现象描述和试验曲线可以看出，HPFL-粘钢联合加固混凝土方柱的应力 - 应变曲线是一条类似于混凝土应力 - 应变曲线的曲线。

本书通过对比现有的本构模型，决定以 Mander 模型和 Sheikh 为基础，首先因为 Mander 模型适用于圆形、矩形、方形三种截面形式的柱子，而且配筋也可以是螺旋箍、菱形箍、八边形复合箍等多种配箍方式；其次在现有的约束混凝土柱子中，包括钢管混凝土柱、FRP 约束混凝土柱，Mander 模型也多次被作为应力 - 应变模型的参考模型。Sheikh 模型是因为其中提出了有效约束混凝土面积的概念，本次试验中也重点强调了有效约束混凝土面积的计算方法。Mander 模型和 Sheikh 模型两者结合可以很好地模拟出本试验的应力 - 应变曲线，HPFL-粘钢联合加固混凝土方柱应力 - 应变曲线如图 7-17 所示。

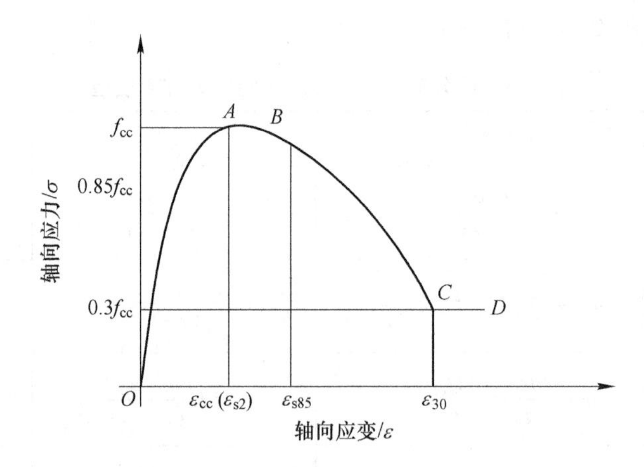

图 7-17　本书建议的 HPFL-粘钢联合加固混凝土方柱的应力 - 应变模型

（1）骨架曲线 $OABC$ 的公式为：

$$\sigma = \frac{f_{cc} x r}{r - 1 + x^{r}} \tag{7-25}$$

式中，$x = \frac{\varepsilon}{\varepsilon_{cc}}$；$r = \frac{E_c}{E_c - E_{sec}}$，$E_{sec} = \frac{f_{cc}}{\varepsilon_{cc}}$。

（2）骨架曲线 *CD* 段的公式为：

$$\sigma = 0.3 f_{cc} \tag{7-26}$$

式中 f_{cc}——HPFL-粘钢联合加固混凝土方柱的轴向抗压强度；

ε_{cc}——HPFL-粘钢联合加固混凝土方柱轴向抗压强度对应的轴向应变；

E_c——混凝土的切线模量（弹性模量）。

7.3.4 模型中的相关参数

要想完全确定 HPFL-粘钢联合加固混凝土方柱的应力应变模型关键是确定其中的参数，比如 HPFL-粘钢联合加固混凝土方柱的轴向抗压强度 f_{cc} 和轴向应变 ε_{cc} 的计算方法，本书的参数部分采用原借鉴模型的参数，大部分是根据试验数据和具体情况来选定确切的模型。

7.3.4.1 HPFL-粘钢联合加固混凝土方柱的轴向抗压强度 f_{cc}

A 有效约束面积 A_E

图 7-18 为 HPFL-粘钢联合约束混凝土方柱的计算模型，任一截面的计算模型均相同。由图 7-18 可以看到截面分为有效约束区（强约束区）和弱约束区两部分，加固角钢的两肢所围成的四个角部和截面核心区是强约束区，混凝土处于三轴受压状态，此区域是有效约束区域，其中面积是有效约束面积；相反剩余部位，即构件竖向表面无角钢约束部位是弱约束区，混凝土处于二轴受压状态，面积为无效约束面积。

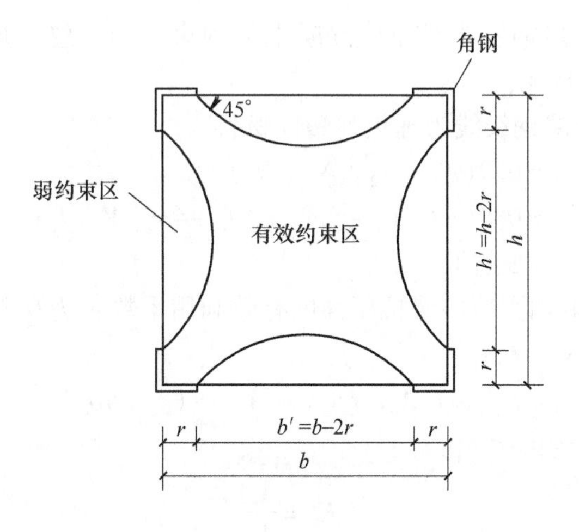

图 7-18 HPFL-粘钢联合加固混凝土方柱计算模型

核芯混凝土总面积：

$$A_g = bh \tag{7-27}$$

弱约束区面积：

$$A_n = \frac{(b-2r)^2 + (h-2r)^2}{3} \tag{7-28}$$

有效约束面积可以表示为：

$$\begin{aligned} A_e = A_g - A_n - A_s &= bh - \frac{(b-2r)^2 + (h-2r)^2}{3} - bh\rho_s \\ &= bh(1-\rho_s) - \frac{(b-2r)^2 + (h-2r)^2}{3} \end{aligned} \tag{7-29}$$

式中　A_c——原柱混凝土面积，$A_c = bh\ (1-\rho_s)$；

b，h——矩形截面的长边和短边长度，$b > h$，本试验为方形截面，故 $b = h$；

r——角钢肢长；

ρ_s——原柱截面配筋率；

A_s——约束区中钢筋所占面积。

B　HPFL-粘钢联合加固混凝土方柱的承载力 N

在给出具体的 HPFL-粘钢联合加固混凝土方柱承载力计算公式以前，除了应该符合现行国家标准 GB 50010—2010《混凝土结构设计规范》正截面承载力的基本假定外，还应该满足以下基本假定：

（1）构件受压变形以后截面仍然符合“平截面假定”。

（2）在达到承载力极限状态以前，加固层与混凝土之间不至于出现粘结剥离破坏。

（3）只考虑高强钢绞线对原柱混凝土的约束应力，忽略加固层砂浆、角钢和原柱箍筋的约束作用。

（4）假定加固层钢绞线为理想弹塑性材料。

$$\begin{aligned} N &= 0.9(N_1 + N_2 + N_3 + N_4) \\ &= 0.9[\alpha f_{mc}A_m + f_{jy}A_{jy} + (f_c + 4\sigma_r)A_c + f_yA_s] \end{aligned} \tag{7-30}$$

1）　$N_1 = \alpha f_{mc}A_m$

（取加固层砂浆抗压强度有效利用系数 α 为 0.3）　(7-31)

2）　$N_2 = f_{jy}A_{jy}$　(7-32)

3）　$N_3 = f_cA_n + f_{cc}A_e = f_c(A_c - A_e) + (f_c + 4\sigma_r)A_e$　(7-33)

引入截面有效约束率 K_e：

$$K_e = \frac{A_e}{A_c} \tag{7-34}$$

所以将式（7-3）代入式（7-33）：

$$N_3 = f_cA_n + f_{cc}A_e = f_cA_c + 4K_e\sigma_r \cdot A_c \tag{7-35}$$

借鉴 Sheikh 等的方式，把截面有效约束率 K_e 考虑进约束应力的计算中，把有效约束率 K_e 当做有效约束力的修正系数，从而得到考虑截面约束率的有效约束应力 σ_r：

$$\sigma_r = K_e \beta_c \frac{f_{yte} \rho_f h}{b + h} \tag{7-36}$$

其中：

$$\rho_f = \frac{2A_{s1}(b + h)}{bhS} \tag{7-37}$$

在试验过程中，由于柱子角部角钢的作用，钢绞线在没有达到抗拉强度时便被角钢的尖角剪短，所以此处引入钢绞线强度的折减系数 φ，φ 值取 0.55，有效抗拉强度的计算公式如下：

$$f_{yte} = \varphi f_{yt} \tag{7-38}$$

所以：

$$N_3 = f_c A_c + 4\sigma_r \cdot A_c = (f_c + 4\sigma_r) A_c \tag{7-39}$$

4)

$$N_4 = f_y A_s \tag{7-40}$$

式中 N_1——外围砂浆加固层的承载力；

N_2——外粘角钢的提供的直接承载力；

N_3——HPFL-粘钢联合约束下混凝土的承载力；

N_4——原未加固前原柱纵筋所提供的承载力；

σ_r——有效约束应力；

f_{mc}，A_m——砂浆立方体抗压强度和外围砂浆加固层总面积，在本试验中认为 $A_m = s_2$；

f_{jy}，A_{jy}——角钢的屈服强度和角钢的横截面总面积；

f_y，A_s——原柱纵筋的屈服强度和横截面总面积；

f_{yte}——钢绞线的有效抗拉强度；

f_{yt}——钢绞线的屈服抗拉强度；

ρ_f——高强钢绞线的体积配箍率；

A_{s1}——高强钢绞线的单肢截面面积；

S——高强钢绞线的纵向间距。

注：为了防止加固层与核心混凝土在加载过程中发生剥离，也为了加固层与核心区混凝土能够协同工作，核心区混凝土的强度应该小于外加固层砂浆的强度并且小于加固层整体的强度，具体材料规定必须符合 GB 50367—2013《混凝土结构加固设计规范》中对加固材料的详细规定。

C HPFL-粘钢联合加固混凝土方柱的轴向抗压强度 f_{cc}

当把 HPFL-粘钢联合加固混凝土方柱作为一种复合材料方柱时，那么这种复合材料对应的强度为：

$$f_{cc}=\frac{N}{A}=\frac{0.9(N_1+N_2+N_3+N_4)}{\varphi bh}$$
$$=\frac{0.9[\alpha f_{mc}A_m+f_{jy}A_{jy}+(f_c+4\sigma_r)A_c+f_yA_s]}{\varphi bh} \tag{7-41}$$

因为核芯混凝土总面积 $A_g=bh$，所以引入系数 $\varphi>1$，本书取 1.1，以 φbh 作为 HPFL-粘钢联合加固混凝土方柱的面积。

当不把此种加固方法作为一种复合材料，只考虑加固后其核芯区混凝土的强度时，其强度计算公式为：

$$f_{cc}=\frac{N}{A}=\frac{0.9(N_3+N_4)}{bh}$$
$$=\frac{0.9[(f_c+4\sigma_r)A_c+f_yA_s]}{bh} \tag{7-42}$$

7.3.4.2　HPFL-粘钢联合加固混凝土方柱的轴向抗压强度 f_{cc} 所对应的应变值 ε_{cc}

参考 Mander 模型中的公式

$$\varepsilon_{cc}=\varepsilon_{co}\left[1+5\left(\frac{f'_{cc}}{f'_{co}}-1\right)\right] \tag{7-43}$$

取 $\varepsilon_{cc}=0.002\left[5\left(\frac{f'_{cc}}{f_c}\right)-4\right]$，其中 0.002 代表混凝土峰值应力对应的应变。

7.3.5　试验数据代入模型所得的应力 – 应变曲线

为了更详细直观地看到文中所提模型的正确性和贴合性，把试验中的 HPFL-粘钢联合加固钢筋混凝土方柱 Z4 的相关数据代入到模型中，得出其对应的应力 – 应变关系，如图 7-19 所示。从图 7-19 中可以看出，在加载的第一阶段，随着应力的增加，应变也在增加，但应力增加的幅度远远大于应变；曲线表现出的这种现象和试验非常吻合，加固以后的柱子在承载力方面得到了非常明显的提高。在试验过程中，随着轴向荷载的不断增大，开始竖向位移变化很小，之后出现细小裂缝；随着裂缝的不断加大，柱子竖向位移才比较明显，直至破坏。所以应力的增加主要集中在应变较小的范围内，当应变很大时，应力反而降低。模型中后半部分的水平阶段，在试验过程中属于已经破坏的后期阶段，荷载已经不变，即不可以再增加，应变却一直在变大，直至柱子彻底破坏。最后的位移数据没有进行采集，所以图 7-19 没有水平阶段。

综上所述，采用 Mander 模型非常典型的代表了本次试验的加载过程。

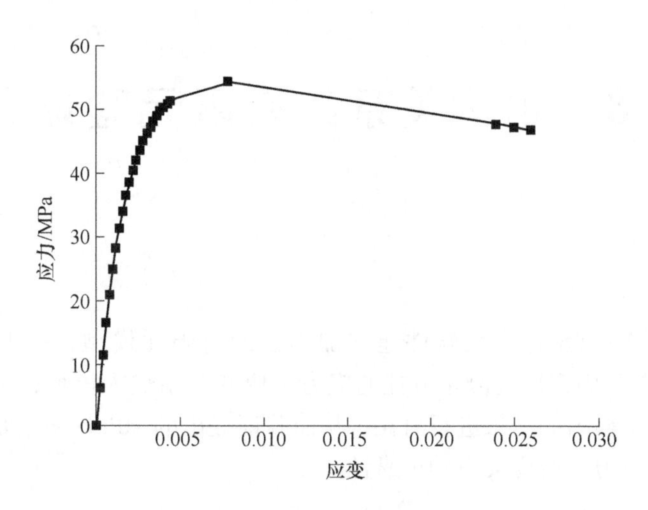

图 7-19 Z4 的应力 - 应变曲线

7.4 本章小结

HPFL-粘钢联合加固 RC 轴压柱的变形过程分为三个阶段，第一阶段为弹性阶段，第二阶段为弹塑性阶段，第三阶段为破坏阶段。通过应力应变及承载力值分析，得出加固柱的承载能力相对混凝土对比柱提高35% ~45%，纵向应变是对比柱纵向应变的 2 倍左右，加固效果非常明显。

把 HPFL-粘钢联合加固 RC 轴压柱看作一种新型复合材料轴压柱，以 Mander 模型为基础，根据实际加固材料定义模型中的参数，得出了此新型复合材料的应力 - 应变关系曲线。

HPFL-粘钢联合钢筋混凝土混合材料的应力 - 应变关系可以帮助后续学者更准确细致地分析 HPFL-粘钢联合加固构件和结构在各种荷载状态下的应力应变特点和规律，为工程实际应用提供理论基础。

8　本构关系的有限元验证

8.1　概述

本章根据 ANSYS 有限元软件建立加固柱的有限元模型，把上一章提出的 HPFL-粘钢联合加固钢筋混凝土方柱的应力－应变关系输入模型；将模拟计算的结果和试验模型得出的结果进行对比，从而验证提出的 HPFL-粘钢联合加固钢筋混凝土方柱的应力－应变关系的可靠性。

8.2　约束本构关系模型建立

8.2.1　单元选择

SOLID65 单元适用于含钢筋或不含钢筋的三维实体模型，本单元相对于 SOLID45 单元（三维结构实体单元）而言，增加了描述开裂与压碎的性能。本单元最重要的是对材料非线性的处理，其可模拟混凝土的压碎、开裂（三个正交方向）、徐变及塑性变形，还可模拟钢筋的压缩、拉伸、蠕变及塑性变形，但不能模拟钢筋的剪切性能。该单元共有八个节点，每个节点有三个自由度，即 x，y，z 三个方向的线位移；还可对三个方向的含筋情况进行定义。当建立钢筋混凝土模型时，我们用 SOLID65 单元的实体性能模拟混凝土，用单元的加筋性能模拟钢筋作用。SOLID65 单元的应用不局限在混凝土方面，还可用于加筋复合材料（如玻璃纤维）及地质材料（如岩石）。

把本书研究的 HPFL-粘钢联合加固钢筋混凝土方柱看成是由一种复合材料组成的方柱，这种复合材料的特性不同于混凝土，但又和混凝土材料相似，选取 SOLID65 单元作为模型单元。在加载过程中考虑到应力集中，在柱子的两端放置和柱子截面尺寸相同的钢垫板，用 SOLID45 单元模拟。

8.2.2　材料本构关系的选择

把 HPFL-粘钢联合加固钢筋混凝土方柱当成一种复合材料，第 3 章详细推导出了这种复合材料的应力－应变关系，如图 7-17 所示。数学表达式为：

$$\sigma=\begin{cases}\dfrac{f_{cc}xr}{r-1+x^{r}} & \varepsilon\leqslant\varepsilon_{30}\\ 0.3f_{cc} & \varepsilon>\varepsilon_{30}\end{cases}\tag{8-1}$$

式中，$x=\dfrac{\varepsilon}{\varepsilon_{cc}}$；$r=\dfrac{E_c}{E_c-E_{sec}}$，$E_{sec}=\dfrac{f_{cc}}{\varepsilon_{cc}}$。

以上数学计算公式中的详细参数见3.3.4节内容。

8.2.3 建模及网格划分

以Z4为原型，HPFL-粘钢联合加固钢筋混凝土方柱的具体材料类别和尺寸如图8-1所示，本书提出了此加固方法的应力－应变关系，也就是把此加固法组合作为一种复合材料考虑。根据第3章各参数的计算方法可以计算出各个参数的值，把各个参数和本构关系代入ANSYS中，建立模型相对简单易行。按图8-2所示尺寸进行建模，有限元网格划分时，单元尺寸取50mm。加固试件加载原形和计算模型网格划分如图8-3和图8-4所示，相关材料性质与参数设置见表8－1。

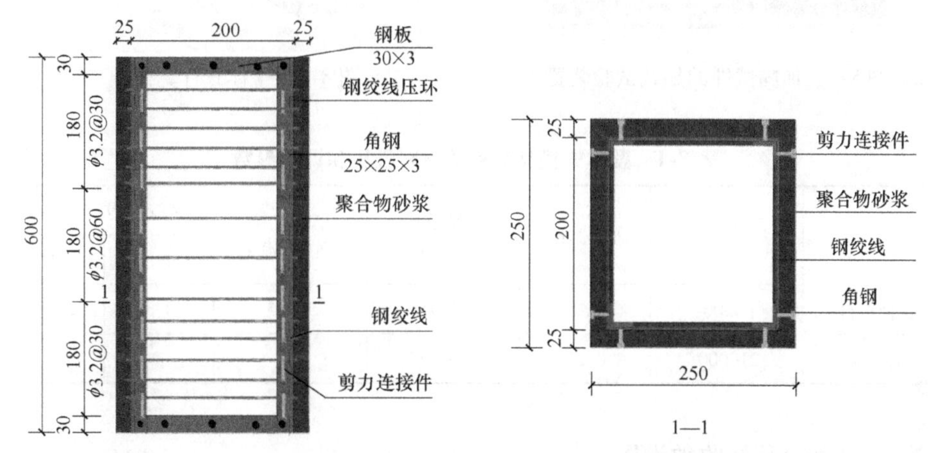

图8-1 HPFL-粘钢联合加固钢筋混凝土方柱的材料类别和尺寸示意图

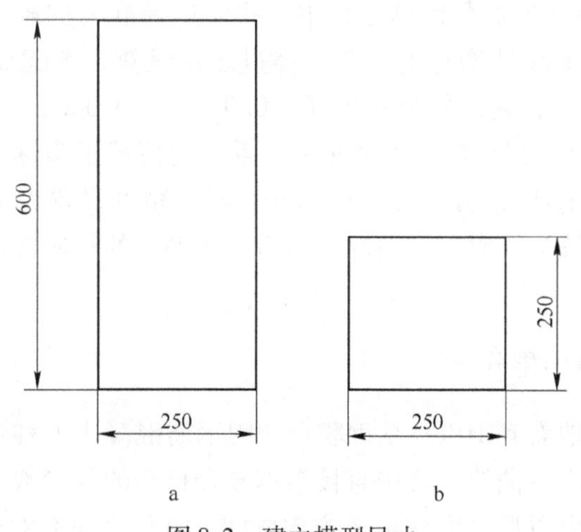

图8-2 建立模型尺寸

a—构件整体；b—剖面图

图 8-3 加固试件的加载试验装置

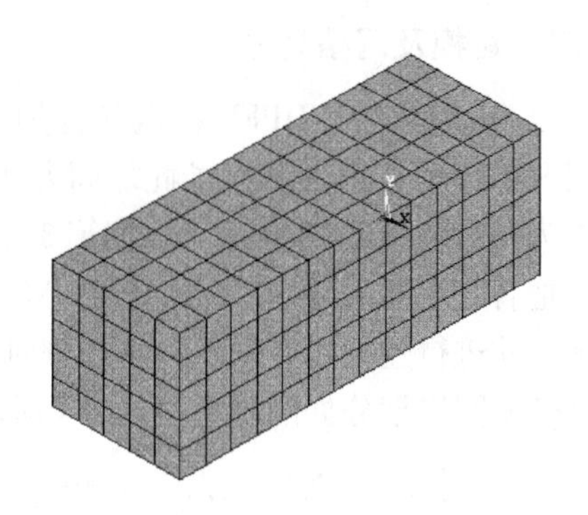

图 8-4 整体式计算模型

表 8-1 整体式模型采用的材料性质和计算参数

材 料	弹性模量 /MPa	泊松比	单轴抗压强度/MPa	单轴抗拉强度/MPa	裂缝剪力传递系数	
					张开	闭合
复合材料	60000	0.2	54.45	5.445	0.3	0.8
钢垫板	210000	0.25	—	—	—	—

8.2.4 加载过程及收敛设置

在 ANSYS 有限元的加载计算过程中，我们选择静力加载，即从零逐渐增大到指定荷载，是一个线性增加的过程。经过多次试算，考虑到计算结果的收敛性，选择以位移方式加载，分为五步（-0.003、-0.006、-0.009、-0.012、-0.015，单位 mm），每个荷载步又通过一系列的荷载子步逐渐施加荷载。在非线性分析中指定平衡迭代的最大次数为 150，收敛精度设置为 10%。当计算过程中不收敛而停止继续运算时，视情况取最后一次循环的相应各值作为后续分析的数据。

8.2.5 有限元计算结果分析

为了直观形象地看到 HPFL-粘钢联合加固钢筋混凝土方柱作为一种复合材料的方柱以后的应力应变曲线，文中直接根据复合材料的各参数设置采用了整体式建模方法。计算结束以后选取柱子 Z 方向中间一点作为研究对象，输出其应力应变的值，绘制了其应力 - 应变曲线，如图 8-5 所示。

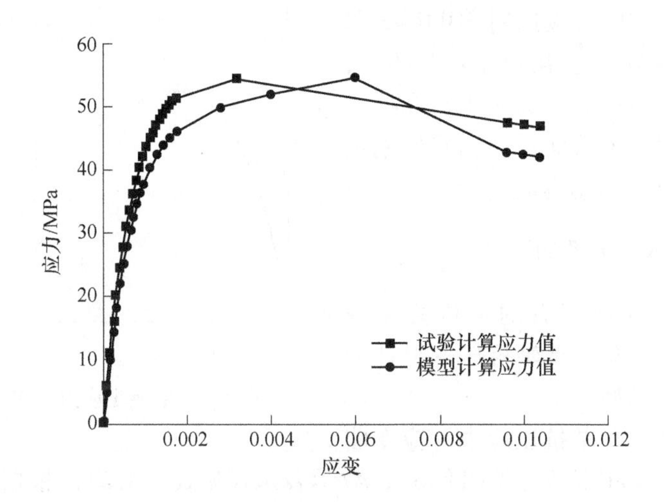

图8-5 复合材料方柱的应力－应变关系曲线

本书提出的复合材料的应力－应变关系附以Z4柱的实际各参数以后，得到了复合材料的试验应力－应变曲线。从图8-5中可以看出，试验曲线和模型曲线在加载初期基本重合，随着应力的增加，模型曲线的峰值应变却远远大于试验曲线的峰值应变，这是因为在模型上选取的点是柱中破坏最大的点，在柱子中间部位是柱子首先发生裂缝并且是变形最大处；在最后破坏时，柱子中部的砂浆层和混凝土层率先脱落，所以当应力一致时，柱子中部的应变大是正常现象。图8-5中的试验曲线是借助Z4为原型，套用本书提出的应力－应变计算公式得出的本构关系，它是一种应力应变的平均值的表现，可以更客观反映HPFL-粘钢联合加固钢筋混凝土构件这种复合材料的应力－应变关系。综上所述，本书提出的复合材料的应力－应变关系可以反映基本事实，具有代表性。

8.3 试验模型的建立

8.3.1 单元选择

SOLID65单元和SOLID45单元前面已做了详细介绍，此处不再赘述。LINK8单元是一种非常熟悉的杆单元，各种工程实践中都有应用，比如杆件、桁架、弹簧、垂缆等。LINK8这种三维的杆单元只能承受单轴的拉压，单元每个节点上有三个自由度，X、Y和Z方向的位移。LINK8只能模拟线性单元，并且沿着直线变形。

为了更好地反映试验模型真实情况和试验过程相吻合，所以在建模过程中选择分离式建模。混凝土的有限元单元选择SOLID65单元，且选择Willian-Warnke五参数破坏准则；纵筋和箍筋等其他钢筋选用LINK8单元，为多线性随动强化模型（KINH）；支座垫板选用 SOLID45 单元，为双线性随动强化模型（BKIN）；在加载过程中考虑到应力集中，在柱子的两端放置和柱子截面尺寸相同的钢垫板，用 SOLID45 单元模拟。

8.3.2　材料本构关系的选择

本书通过对比现有的本构关系模型，采用符号混凝土单轴抗压变形性能的 Hongnestad 模型。

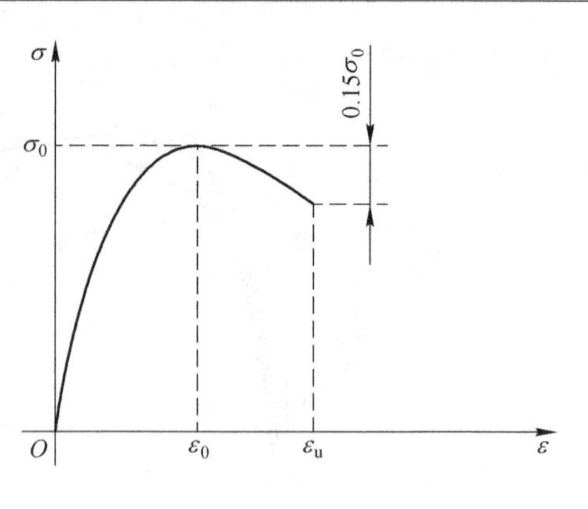

图 8-6　混凝土应力 - 应变曲线

（1）混凝土单轴抗压应力 - 应变曲线采用 Hongnestad 模型（见图 8-6），数学表达式见式（8-2）。根据有限元试算将 Hongnestad 模型下降段改为水平段，极限应变 ε_u 取为 0.0035，与 Rüsch 模型相同，但 ε_0 不同。这一更改降低了有限元计算不收敛的频次，缩减了计算时间，但计算结果几乎不受影响。

Hongnestad 模型：

$$\begin{cases} \text{上升段}\ \sigma = \sigma_0 \left[2\left(\dfrac{\varepsilon}{\varepsilon_0}\right) - \left(\dfrac{\varepsilon}{\varepsilon_0}\right)^2 \right] & 0 < \varepsilon \leqslant \varepsilon_0 \\ \text{下降段}\ \sigma = \sigma_0 \left[1 - 0.15\left(\dfrac{\varepsilon - \varepsilon_0}{\varepsilon_u - \varepsilon_0}\right) \right] & \varepsilon_0 < \varepsilon \leqslant \varepsilon_u \end{cases} \tag{8-2}$$

式中，$\varepsilon_u = 0.0038$；$\varepsilon_0 = 2\ (\sigma_0/E_0)$；$\sigma_0 = 0.85 f'_c$。$E_0$ 为初始弹性模量，f'_c 为混凝土圆柱体抗压强度。

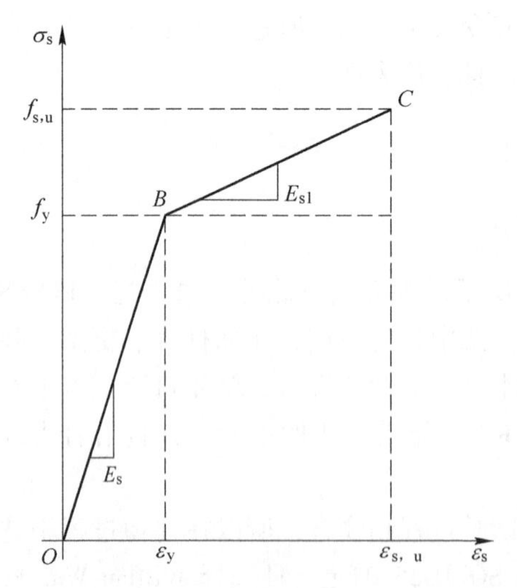

图 8-7　钢垫板应力 - 应变曲线

（2）箍筋、分布筋、钢垫板采用弹性强化模型（见图 8-7），数学表达式见式（8-3）。

弹性强化模型：

$$\begin{cases} \sigma_s = E_s \varepsilon_s & 0 < \varepsilon_s \leqslant \varepsilon_y \\ \sigma_s = f_y + (\varepsilon_s - \varepsilon_y) E'_s & \varepsilon_y < \varepsilon_s \leqslant \varepsilon_{s,u} \end{cases} \tag{8-3}$$

式中，$E'_s = \dfrac{f_{s,u} - f_y}{\varepsilon_{s,u} - \varepsilon_y}$；$E_s = \dfrac{f_y}{\varepsilon_y}$。

（3）钢绞线直径 3.2mm，应力 - 应变关系采用实测曲线，如图 8-8 所示。

（4）纵筋采用弹塑性强化模型（见图 8-9），数学表达式见式（8-4）。

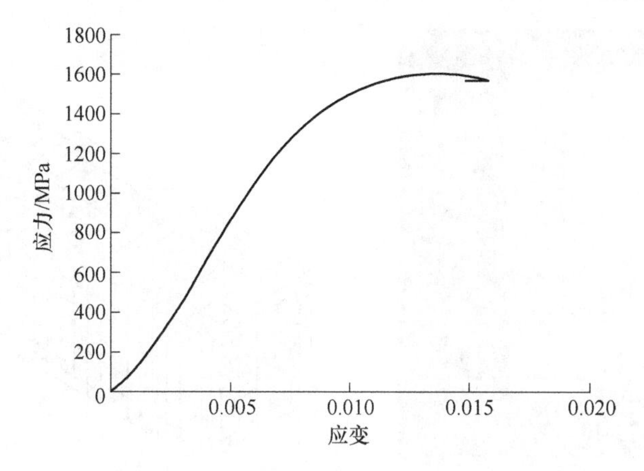

图 8-8　钢绞线应力－应变曲线

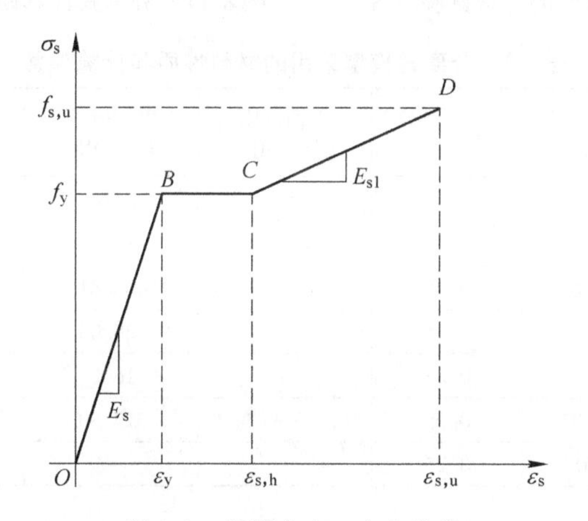

图 8-9　纵筋应力－应变曲线

弹塑性强化模型：

$$\begin{cases} \sigma_s = E_s \varepsilon_s & 0 < \varepsilon_s \leqslant \varepsilon_y \\ \sigma_s = f_y & \varepsilon_y < \varepsilon_s \leqslant \varepsilon_{s,h} \\ \sigma_s = f_y + (\varepsilon_s - \varepsilon_{s,h}) E'_s & \varepsilon_{s,h} < \varepsilon_s \leqslant \varepsilon_{s,u} \end{cases} \tag{8-4}$$

式中，$E'_s = \dfrac{f_{s,u} - f_y}{\varepsilon_{s,u} - \varepsilon_y}$；$E_s = \dfrac{f_y}{\varepsilon_y}$。

8.3.3　建模及网格划分

以 Z4 为原型，HPFL-粘钢联合加固钢筋混凝土方柱的具体材料类别和尺寸如图 8-1 所示，试验模型采用分离式建模，有限元网格划分时，单元尺寸依旧取 50mm。加固试件加载原形和计算模型网格划分，如图 8-10 和图 8-11 所示，相关材料性质与参数设置见表 8-2。

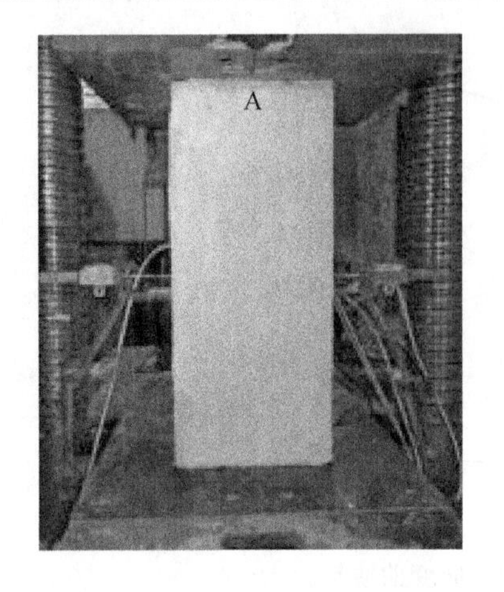

图 8-10 加固试件的加载试验装置

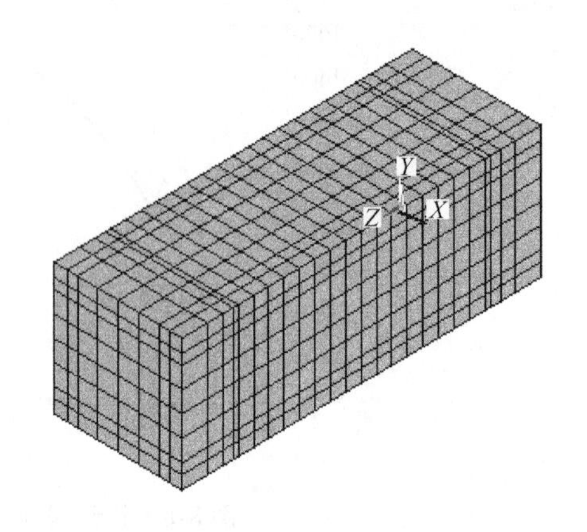

图 8-11 分离式计算模型（等视图）

表 8-2 分离式模型采用的材料性质和计算参数

材 料	弹性模量/MPa	泊松比	单轴抗压强度/MPa	单轴抗拉强度/MPa	裂缝剪力传递系数	
					张开	闭合
混凝土	30000	0.2	25.9	2.75	0.35	0.75
砂浆	99636	0.2	10.488	1.24	0.35	0.75
箍筋	211818.65	0.25	—	408.81	—	—
纵筋	210314.29	0.25	—	368.05	—	—
钢绞线	195000	0.25	—	1606	—	—
角钢	209995.31	0.25	—	517.80	—	—
钢垫板	210000	0.25	—	—	—	—

8.3.4 加载过程及收敛设置

为了和前面的新建立的约束本构关系模型形成鲜明的对比，所以两个模型选择相同的加载方式。在 ANSYS 有限元的加载计算过程中，我们选择静力加载，即从零逐渐增大到指定荷载，是一个线性增加的过程。经过多次试算，考虑到计算结果的收敛性，选择以位移方式加载，分为五步（-0.003、-0.006、-0.009、-0.012、-0.015，单位 mm），每个荷载步又通过一系列的荷载子步逐渐施加荷载。在非线性分析中指定平衡迭代的最大次数为 150，收敛精度设置为 10%。在计算过程中不收敛而停止继续运算时，视情况取最后一次循环的相应各值作为后续分析的数据。

8.4 有限元计算结果分析

8.4.1 荷载-位移曲线的对比

图 8-12 是加筋高性能砂浆（HPFL）-粘钢联合加固钢筋混凝土方柱（Z4）

在三种不同情况下的荷载 - 位移曲线。从分离式模型所得的荷载 - 位移曲线上可以看出，峰值荷载小于实际试验曲线中的峰值荷载，这是因为分离式模型在加载过程中考虑的是理想状态，钢绞线在加载一段时间后就比较早的断裂。在实际试验中钢绞线虽然断裂但对柱子的约束和承载力一直有贡献；在有限元分析中钢绞线一旦断裂即考虑其退出工作，有限元的这种处理方法迫使其承载力极限值要远远小于试验中的承载力极限值。从图 8-12 中还可以看出分离式模型的延性差，曲线的下降段没有完全显示出来，这是因为有限元中材料一旦被压碎便取不到其理想的下降段。

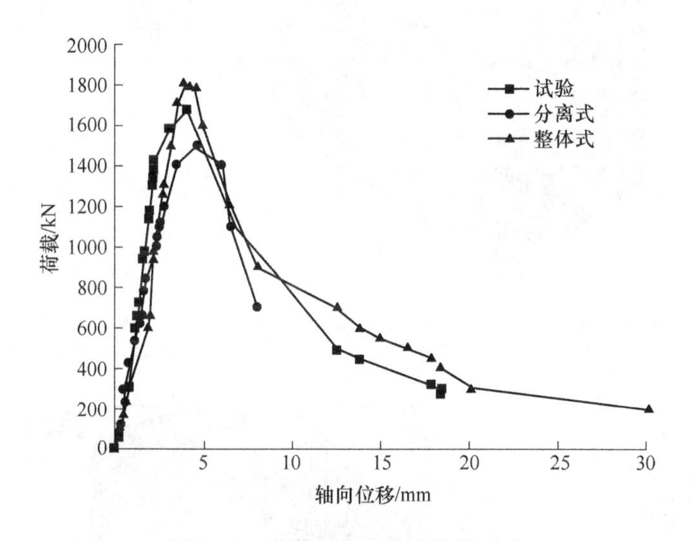

图 8-12　荷载 - 竖向位移曲线对比

从整体式模型所得的荷载 - 位移曲线上可以看出，不论是峰值荷载的大小还是曲线下降段的延性都明显优于试验曲线和分离式模型对应的荷载 - 位移曲线。这是因为整体式模型把这种加固方法所用到的材料看作一种整体的复合材料考虑，把各种材料之间的相互作用力完全当成复合材料内部作用看待，把各种材料理想化地当成一种材料，所以此复合材料的强度和刚度都达到了一种理想状态，因此图 8-12 中承载力最高值和延性最好便都得到了解释。图 8-12 中的整体式模型取得的荷载 - 位移曲线与试验实际的荷载 - 位移曲线更接近，更符合真实情况。

8.4.2　第一主应力下的应变云图的对比

图 8-13 为 HPFL-粘钢联合加固钢筋混凝土方柱在不同的建模方法下的第一应力云图。分离式建模方法是为了更直观地反映试验中各材料的真实情况，它的应变云图可以反映真实情况；整体式建模是把 HPFL-粘钢联合加固钢筋混凝土方

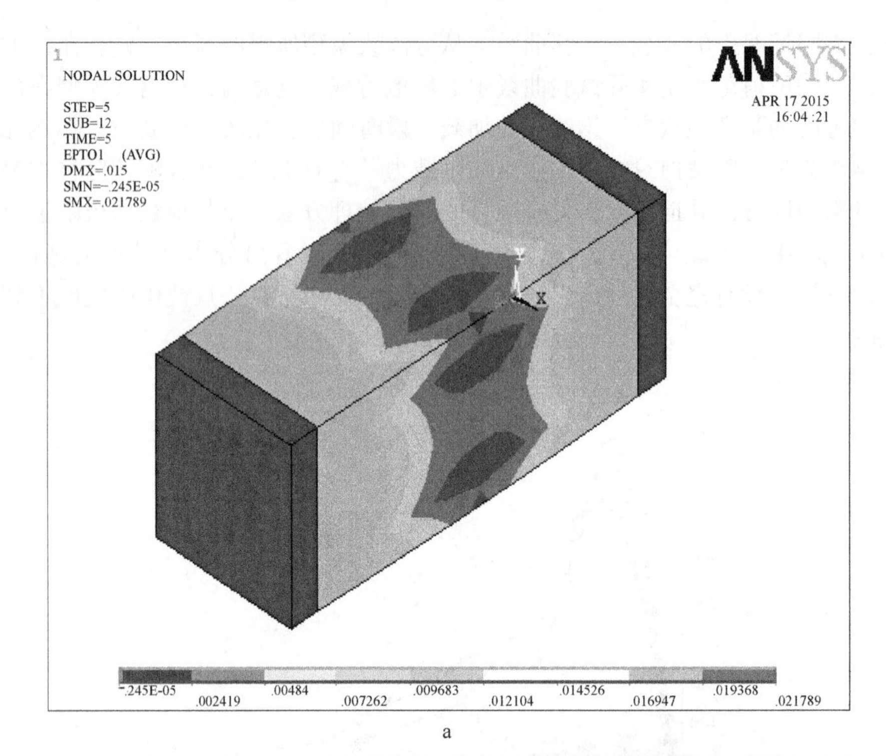

a

b

图 8-13　第一主应力下的应变云图

a—整体式；b—分离式

柱当成一种复合材料，在知道此种复合材料的不同参数以后，便可比较简单地建立模型，运用整体式模型来反映文中提出的应力－应变关系的正确性。

从图 8-13a 中可以看到柱子正中间应变最大，且各个面的应变非常对称，受力均匀。图 8-13b 也是柱子中间部位应变最大，且破坏呈 X 形状，各个面受力相同。从以上分析可知，两种建模方法在加载方式、荷载大小等都相同的前提下，柱子的应变效果是非常相似的。在实际试验过程中，柱子中部也是破坏最严重的地方，在加载后期柱的中部空鼓掉落，而且形似 X 形状。

综上所述，本章提出的应力－应变关系可以作为替代 HPFL-粘钢联合加固钢筋混凝土方法的复合材料的材料属性，此应力－应变关系可以为今后这种复合材料的使用提供便利。

8.5　HPFL-粘钢联合加固钢筋混凝土框架结构数值分析

HPFL-粘钢联合加固方法是采用高强钢绞线、角钢和聚合物砂浆三种材料共同作用对原结构进行加固，把该加固方法运用在第 2 章中提出的框架结构上，用 ABAQUS 建模进行数值模拟，来探讨三种材料对原框架结构加固后的贡献，并且用参数来显示。

数值模拟采用 $\phi2.4$mm 和 $\phi3.2$mm 两种高强钢绞线对建筑结构加固，加固后梁构件的钢绞线截面面积为 8.81mm^2 和 16.21mm^2；为了形成对比，钢绞线其他参数均一致。数值模拟结果：发现在结构损伤指数一致的情况下，加固后的结构侧移量减少明显，刚度也提高明显。这是因为钢绞线参与了梁的受力，延缓了开裂时间；说明钢绞线的直径越大，结构的侧移量越小，刚度越大。

角钢外部粘贴属于体外配筋，可以提高梁构件的配筋率，还可以延缓裂缝的出现和发展。在结构损伤指数 D 相同时，建筑结构的主要受力构件侧移量均有所减小，当增大钢片强度后，建筑结构测点处侧移减小不明显，平均值减小幅度差值为 5%～7%；这是因为钢片相当于纵筋，由于钢片很薄，在受力时发挥的作用不大，主要发挥和原来混凝土的粘结作用，延缓裂缝的发展，减小裂缝宽度和裂缝间的距离，从而延迟破坏过程。在结构损伤指数 D 相同时，柱底混凝土应变并没有随钢片强度增加发生显著的减小，其平均值减小幅度差值为 3%～6%；主要原因是钢片没有直接参与受力，不能大幅度分担原来结构的受力，柱底混凝土承担的力变化不大，因此应变没有显著的减小。

在框架的受力过程中，聚合物高强砂浆可以对钢绞线起到粘结锚固的作用，使钢绞线应力充分发挥，保证加固层和原始构件的共同工作。同时砂浆加固层增加梁截面面积，增大构件刚度。本模拟研究采用两种不同强度的聚合物高强砂浆，极限抗压强度分别为 30MPa 和 50MPa。在结构损伤指数 D 相同时，侧移量均有减小，砂浆强度增大后，中柱和北柱的测点位置侧移量均较小，其平均值减小幅度差值为1%～5%；这是因为砂浆比较薄，不能大幅度提高梁的刚度，它的主要作用是使钢绞线和混凝土的粘结能力变大。砂浆主要在第一阶段发挥作用，进入第二阶段后砂浆逐渐开裂，加固作用逐渐减弱，梁柱夹角减小幅度逐渐减小。

8.6 本章小结

本章以加筋高性能砂浆（HPFL）-粘钢联合加固钢筋混凝土方柱Z4为原型，通过有限元软件ANSYS建立了整体式和分离式两种模型。通过相同的加载方式，得到了两种模型的受力变形图、应力-应变曲线图、荷载-位移曲线图等，得出如下结论：

（1）从试验柱子和整体式模型得到的应力-应变关系可知，本书提出的复合材料的应力-应变关系合理，可以真实地反映实际情况。

（2）通过比较试验的荷载-位移曲线和整体式、分离式的荷载-位移曲线可以看出三者的区别，可以反映三种不同方式下曲线的差异。整体式模型荷载和位移偏大，因为其把加固方法用到的各种材料理想化地作为一种复合材料，把相互间的作用力理想化为材料之间的内部作用力所致。

（3）两种模型的变形图和试验过程中的破坏情况一致，说明模型正确。

（4）整体式模型运用本书提出的应力-应变关系作为复合材料的属性，比较好地反映出了该复合材料的受力性能及变形特点，加固柱的应力-应变关系可以运用在分析加固结构性能方面。

9 HPFL 加固层与混凝土粘结强度预测

9.1 概述

HPFL 加固技术是近年来兴起的新型加固工艺，具有施工简便、对原结构正常使用干扰小，加固材料强度高、耐腐蚀性、耐火性、耐久性优良等优点，在桥梁工程、建筑结构等领域已逐步被应用。该加固技术的主要受力材料包括高强钢绞线、钢丝网、钢筋等，施工时在原结构表面进行凿毛处理，按设计要求张拉高强钢绞线网或钢丝网等，通过梅花形布置的膨胀螺栓将其固定在加固构件表面，进而在钢绞线网表面喷涂高性能砂浆形成加固层。该加固技术中采用的膨胀螺栓主要用于固定钢绞线网等受力筋，防止其松弛和下垂，不作为抗剪连接件来提高加固层与原结构的界面粘结力，加固层与原混凝土结构表面的粘结力完全依赖砂浆。

已有研究表明：HPFL 加固混凝土结构的主要破坏模式之一是加固层发生剥离破坏。因此，为充分发挥受力筋，如高强钢绞线、钢丝网等的抗拉强度，必须保证加固层与原结构界面的粘结强度，这引起了较多研究者的注意。本书对 HPFL 加固层与混凝土界面的粘结强度，进行了 243 个正拉粘结强度和 24 个剪切粘结强度测试，深入研究了主要影响因素：抹灰龄期、加固界面粗糙度、加固构件混凝土和加固砂浆强度、修补方位对加固层与混凝土粘结强度的影响（其顺序按影响显著性大小排列）。其中，修补方位包括底面抹灰、顶面抹灰和侧面抹灰三种。为了能够对 HPFL 加固层粘结强度做出快速评估，本章提取抹灰龄期、加固界面粗糙度、混凝土和加固砂浆强度、修补方位等特征参数，建立 HPFL 加固层与混凝土粘结强度的 BP 人工神经网络模型，对 HPFL 加固层与混凝土粘结强度进行预测。

9.2 神经网络结构的确定

BP 神经网络（Back-Propagation Network）一般包括输入层、中间层、输出层，由一个或多个非线性变换单元组成。在输入层（Input Layer），将已知的各种信息，如此处要研究的粘结强度影响因素，作为输入向量输入 BP 模型。中间层为隐含层（Hidden Layer）或称作隐层，它接受输入层传递过来的信息后，根据 BP 模型需求进行信息转换和处理，如粘结强度与影响因素的匹配。隐层可以根据信息处理能力的要求建立多层结构，此时节点的数目大大增多，它的非线性更显著。输出层（Output Layer）将隐层处理过的信息根据用户需要输出结果，如加固层粘结强度的预测结果。本节 BP 神经网络算法的基本思路是：将粘结强度试验测试值作为学习样本提供给网络，将神经元的激活值由输入层经隐层向输出层传播，建立影响因素与粘结强度之间的匹配关系，并根据目标输出强度与实际输出强度之间的误差，反向计算回到输入层，从而逐层修正各连接权值，使预测目标输出强度与实际输出强度之间的误差达到给定的误差限值。

神经网络模型的预测能力及预测准确性取决于该网络模型的拓扑结构及其学习方法。本节所选粘结强度试验数据包括了 243 个正拉粘结强度测试数据和 24 个剪切粘结强度测试数据，试验样本数量足够，并且较全面地考虑了加固界面粘结强度的主要影响因素，因而此处建立的 BP 网络模型选用普通的三层 BP 模型即可达到所需要的预测精度。因此，本节所建 BP 模型仅需一个输入层、一个隐含层（中间层）和一个输出层即可，网络结构如图 9-1 所示。

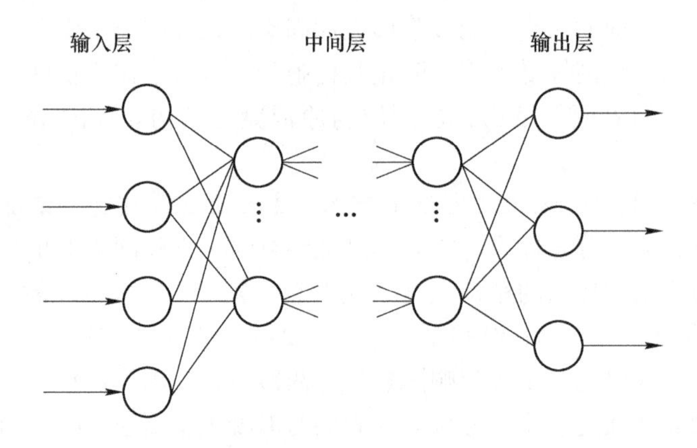

图 9-1　BP 神经网结构

9.2.1　正拉粘结强度模型结构

模型输入层的神经元个数取决于所研究问题的本质特征或影响因素。根据文献［97］对 HPFL 加固层与混凝土界面粘结强度的影响因素分析，加固界面粗糙度、粘结龄期、原结构混凝土强度、加固层高性能砂浆强度，加固修补方位、界面剂类型、界面湿润状况都对粘结强度存在影响，尤其以前五种影响最为显著。通常情况下，建立的预测模型输入神经元数目越多，得到的预测结果越精确。由于受到实验室条件、测试数据以及其他因素的影响，实际建模一般无法将所有影响因素都考虑进去，BP 模型要与试验建模相一致。因此，依据文献［97］的实验数据建立 HPFL 加固层界面正拉粘结强度的预测模型时，为与实验条件相匹配，采用以下四种主要的影响因素，将它们作为输入神经元，即加固构件混凝土和加固砂浆的强度平均值（MPa）、加固界面粗糙度（灌砂平均深度 mm）、加固层砂浆浇筑龄期（d）、加固层砂浆浇筑方位（底面、侧面、顶面），输入层节点数为 4。输出神经元只有正拉粘结强度（MPa）这一个输出节点，故输出层节点数为 1。

根据文献［101］中选取隐层神经元节点数目的四种方法，依次选取隐层节点数为 9 个、2 个、3～13 个、2 个。本节主要考虑 9 个和 2 个隐层节点时预测模型的精度，通过反复试算得到最佳的网络结构。首先取隐层节点数为 2，建立 4-2-1 型网络结构，以 tansig 和 logsig 函数组合作为层间传递函数，并采用 LM 算法。计算时，步数设置为 10000，学习速率为 0.01，目标误差限根据要求设为 0.0001，计算收敛情况如图 9-2 所示。试算表明，该网络结构所需训练时间过长，训练难以收敛到要求的目标误差限，不适用于本预测模型。取隐层节点数为 9，建立 4-9-1 型网络结构。为便于比较，两型结构的传递函数与相关参数取值相同，后者计算收敛情况如图 9-3 所示。由图 9-3 可见，4-9-1 型结构收敛速度很快，仅 62 步即达到收敛误差限，与前者相比训练时间非常短、预测结果误差较小，该模型可满足粘结强度预测的要求。进一步将隐层节点数设为 13，建立 4-13-1 型网络结构，传递函数及相关参数保持不变，计算收敛情况如图 9-4 所示。由图 9-4 可见，4-13-1 型结构收敛速度略快于 4-9-1 型，但其预测结果的标准差要大于后者约一倍，过多增加隐层节点数并非有益。因此，HPFL 加固层正拉粘结强度预测模型采用 4-9-1 三层 BP 网络结构，模型拓扑结构如图 9-5 所示。

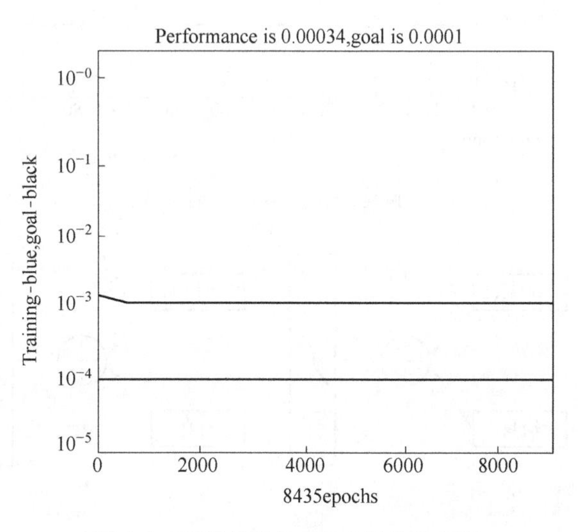

图 9-2　网络结构为 4-2-1 时的收敛图

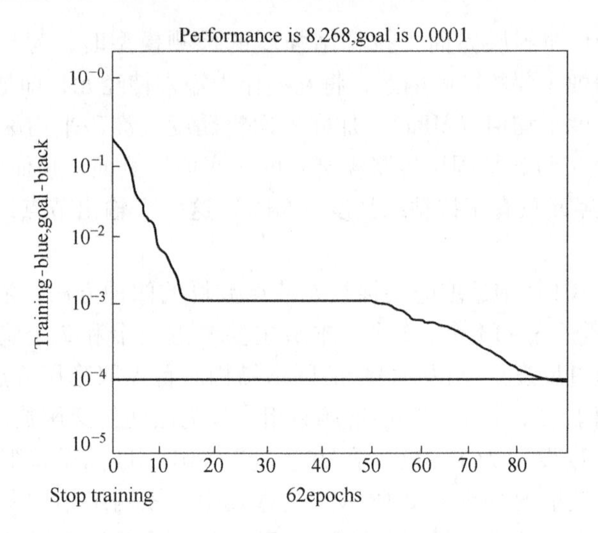

图 9-3　网络结构为 4-9-1 时的收敛图

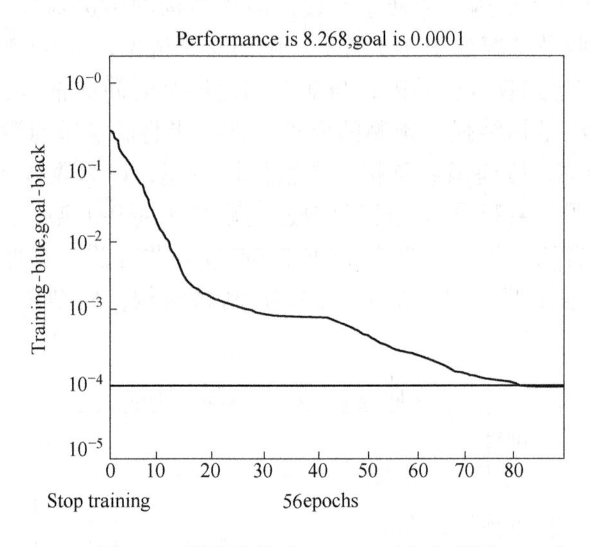

图 9-4　网络结构为 4-13-1 时的收敛图

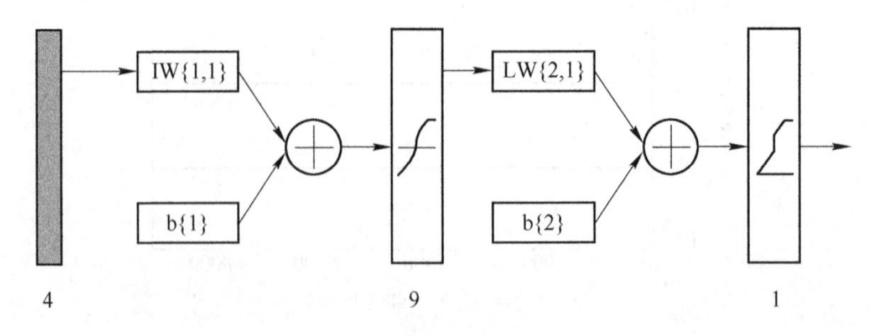

图 9-5　网络拓扑结构图

9.2.2　剪切粘结强度模型结构

根据对 HPFL 加固层与混凝土界面的剪切粘结强度测试，剪切粘结强度预测模型的输入神经元仅考虑加固构件混凝土和加固砂浆的强度平均值（MPa）、加固构件表面的粗糙度（灌砂平均深度 mm）和加固层砂浆浇筑方位（底面、侧面、顶面）的影响，输入层节点数为 3。模型输出神经元同样只有剪切粘结强度（MPa）这一个输出节点，输出层节点数为 1。

隐含层节点数根据 Kolmogorov 定理确定为 3-7-1 网络结构，模型的传递函数、算法计算步数、学习速率均与正拉粘结强度预测模型相同，考虑到试验数据较少，目标误差限放大至 0.004，计算收敛情况如图 9-6 所示。由图 9-6 可见该模型收敛速度快，训练时间短，预测结果误差较小，可满足剪切粘结强度预测的要求。

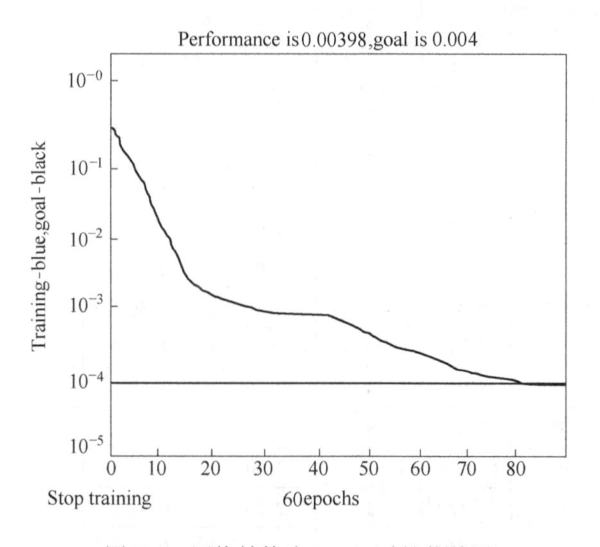

图 9-6　网络结构为 3-7-1 时的收敛图

9.3　基于 BP 神经网络的粘结强度预测

根据所做 243 个正拉粘结强度和 24 个剪切粘结强度测试结果，以砂浆抹灰龄期、加固界面粗糙度、加固构件混凝土和加固砂浆强度、加固构件修补方位等因素为特征参数，采用 4-9-1 型网络结构和 3-7-1 型网络结构，对 HPFL 加固层与混凝土结构之间的粘结强度进行预测。

9.3.1　正拉粘结强度预测

由于正拉粘结强度测试值有 243 个，在对该试验充分认识的前提下，选择包含足够多信息的测试数据来做样本数据，因此没有必要将全部试验数据作为样本。故选取文献［97］中 HPFL 加固层与混凝土界面正拉粘结强度试验数据 81 个，见表 9-1；其中第 01 ~65 个数据作为训练数据组，第 66 ~81 个数据作为测试数据组。此外，为了尽可能提高样本训练的精度、增强样本数据的典型性和泛化能力，在选取训练样本时彻底打乱正拉粘结强度试验测试顺序。根据表 9-1 计算，BP 神经网络模型的预测值与试验值比值的平均值为 1.0560，标准差为 0.0570，离散系数 0.0540，表明正拉粘结强度的预测值与试验结果吻合很好。

表 9-1 HPFL 加固层与混凝土正拉粘结强度预测

序号	样本编号	强度平均值/MPa	粗糙度/mm	养护龄期/周	修复位置代表值	①测试强度平均值/MPa	②强度预测值/MPa	②和①之间的比率
01	30-01-F3	47.04	0.87	2	2.15	1.44		
02	35-01-F1	48.91	0.15	2	2.15	1.34		
03	35-02-B3	48.91	0.84	2	2.00	1.58		
04	30-03-B1	44.88	0.16	1	2.00	0.33		
05	40-03-F3	60.38	1.03	4	2.15	1.78		
06	40-02-B1	50.92	0.16	2	2.00	1.35		
07	35-02-T2	58.36	0.52	4	2.2	1.54		
08	30-01-B2	56.5	0.47	4	2.00	1.30		
09	30-02-B1	47.05	0.17	2	2.00	0.93		
10	35-03-T2	48.91	0.47	2	2.2	1.36		
11	35-01-B2	58.36	0.41	4	2.0	1.56		
12	35-03-F1	58.36	0.188	4	2.15	1.48		
13	40-01-B1	60.38	0.163	4	2.00	1.45		
14	40-02-B3	50.92	0.8560	2	2.00	1.56		
15	40-01-T1	48.76	0.2130	1	2.20	0.41		
16	35-02-F2	46.75	0.3940	1	2.15	0.54		
17	40-02-F1	48.76	0.1630	1	2.15	0.40		
18	30-01-T2	44.88	0.4530	1	2.20	0.50		
19	30-02-T3	56.50	0.9160	4	2.20	1.66		
20	30-03-T2	56.50	0.3910	4	2.15	1.48		
21	30-01-T1	44.88	0.1590	1	2.20	0.39		
22	40-03-B3	48.76	0.8400	1	2.00	0.57		
23	40-03-T3	50.92	0.8840	2	2.20	1.66		
24	40-01-B2	60.38	0.4440	4	2.00	1.54		
25	35-03-F2	58.36	0.3940	4	2.15	1.56		
26	35-02-T3	58.36	0.8840	4	2.20	1.76		

续表 9-1

序号	样本编号	强度平均值/MPa	粗糙度/mm	养护龄期/周	修复位置代表值	①测试强度平均值/MPa	②强度预测值/MPa	②和①之间的比率
27	30-02-T1	47.04	0.4410	2	2.00	1.13		
28	30-02-T1	56.50	0.1630	4	2.20	1.41		
29	30-01-F1	47.04	0.1630	2	2.15	1.06		
30	30-03-T1	47.04	0.1810	2	2.20	1.19		
31	35-01-T3	46.75	0.8500	1	2.20	0.61		
32	35-03-B2	46.75	0.6060	1	2.00	0.49		
33	40-02-T3	60.38	0.8810	4	2.20	1.85		
34	40-03-B1	48.76	0.1530	1	2.00	0.39		
35	40-01-F1	50.92	0.1590	2	2.15	1.41		
36	35-02-F3	46.75	0.8720	1	2.15	0.57		
37	30-02-F2	44.88	0.4840	1	2.15	0.51		
38	30-01-T3	44.88	0.8810	1	2.20	0.63		
39	30-02-F3	44.88	0.9660	1	2.15	0.55		
40	30-02-F1	44.88	0.2170	1	2.15	0.36		
41	40-01-T2	48.76	0.5190	1	2.20	0.55		
42	40-01-F2	50.92	0.4630	2	2.15	1.53		
43	40-03-F2	60.38	0.4660	4	2.15	1.63		
44	40-02-F2	48.76	0.4690	1	2.15	0.60		
45	40-03-T1	50.92	0.1590	2	2.20	1.46		
46	40-02-T1	60.38	0.1690	4	2.20	1.63		
47	35-02-T1	58.36	0.1570	4	2.20	1.49		
48	35-01-T1	46.75	0.1690	1	2.20	0.40		
49	30-03-T2	47.04	0.4630	2	2.20	1.25		
50	30-01-F2	47.04	0.3910	2	2.15	1.23		
51	30-03-F1	56.50	0.1690	4	2.15	1.41		
52	30-02-B3	47.04	0.9500	2	2.00	1.33		
53	35-02-B2	48.91	0.4160	2	2.00	1.49		
54	35-03-B1	46.75	0.2310	1	2.00	0.35		
55	40-02-T2	60.38	0.4750	4	2.20	1.72		
56	40-03-F1	60.38	0.1720	4	2.15	1.50		
57	40-03-B2	48.76	0.4250	1	2.00	0.48		
58	35-02-F1	46.75	0.1600	1	2.15	0.37		

续表 9-1

序号	样本编号	强度平均值/MPa	粗糙度/mm	养护龄期/周	修复位置代表值	①测试强度平均值/MPa	②强度预测值/MPa	②和①之间的比率
59	30-03-T3	47.04	1.0440	2	2.20	1.46		
60	35-01-F3	48.91	0.8910	2	2.15	1.56		
61	30-03-B3	44.88	0.8810	1	2.00	0.53		
62	35-03-B3	46.75	0.9690	1	2.00	0.54		
63	40-02-B2	50.92	0.4310	2	2.00	1.48		
64	35-03-F3	58.36	0.8490	4	2.15	1.63		
65	35-02-B1	48.91	0.2040	2	2.00	1.36		
66	35-03-T1	48.91	0.1600	2	2.20	1.26	1.38	1.09
67	35-01-T2	46.75	0.5060	1	2.20	0.53	0.51	0.96
68	30-01-B3	56.50	1.2000	4	2.00	1.51	1.42	0.94
69	30-01-B1	56.50	0.1590	4	2.00	1.05	1.16	1.10
70	35-01-B1	58.36	0.1690	4	2.00	1.38	1.43	1.03
71	40-01-T3	48.76	1.0880	1	2.20	0.67	0.64	0.95
72	40-01-B3	60.38	0.8440	4	2.00	1.67	1.53	0.01
73	40-03-T2	50.92	0.4310	2	2.20	1.54	1.45	0.94
74	35-01-B3	58.36	0.8810	4	2.00	1.63	1.51	0.94
75	30-03-F3	56.50	0.8470	4	2.15	1.60	1.51	0.94
76	35-03-T3	48.91	0.9160	2	2.20	1.55	1.51	0.97
77	40-02-F3	48.76	0.8570	1	2.15	0.61	0.62	1.01
78	30-03-B2	44.88	0.5710	1	2.00	0.44	0.44	1.00
79	35-01-F2	48.91	0.3860	2	2.15	1.38	1.42	1.03
80	30-02-T2	56.50	0.4630	4	2.20	1.43	1.47	1.02
81	40-01-F3	50.92	0.8750	2	2.15	1.65	1.64	0.99

9.3.2 剪切粘结强度预测

剪切粘结强度测试值24个，剔除其中一个试验偏差过大的数据，故选取文献［97］中HPFL加固层与混凝土界面剪切粘结强度试验数据23个，见表9-2。由于试验中剪切粘结强度的龄期均为14d，故抹灰龄期对剪切粘结强度的影响关系按正拉粘结强度处理，此处仅考虑界面粗糙度、混凝土和加固层砂浆强度、修补方位3个特征参数；其中第01～17个试验数据作为模型的训练数据组，第18～23个试验数据分别作为训练组数据和测试数据组。同样，为提高训练精度、增强样本数据的典型性和泛化能力，在选取样本时将原试验数据组的顺序打乱。

所建 BP 网络模型的预测值和试验值之比的平均值为 0.9880，标准差为 0.1270，离散系数 0.1290，表明剪切粘结强度的预测值与试验结果吻合很好。

表 9-2　23 个加固层与混凝土界面剪切粘结强度试验数据

序号	样本编号	强度平均值 /MPa	粗糙度 /mm	养护龄期 /周	修复位置代表值	①测试强度平均值/MPa	②强度预测值 /MPa	②和①之间的比率
01	30-03-T2	47.04	1.2300	2	2.20	2.07		
02	35-02-F1	46.75	0.4600	2	2.15	2.04		
03	35-03-T2	48.91	1.2400	2	2.20	2.74		
04	35-01-T3	48.91	0.2000	2	2.20	2.08		
05	35-03-F1	58.36	1.2200	2	2.15	2.33		
06	35-01-F2	48.91	0.2000	2	2.15	1.89		
07	35-03-F2	58.36	1.2600	2	2.15	2.50		
08	40-03-T2	50.92	1.2300	2	2.20	2.50		
09	35-01-F2	48.91	0.2000	2	2.15	1.89		
10	35-01-T2	48.91	0.2200	2	2.20	2.14		
11	35-03-T3	48.91	1.2100	2	2.20	2.36		
12	35-01-B2	48.91	0.2200	2	2.00	1.85		
13	35-02-F2	46.75	0.4400	2	2.15	2.33		
14	30-03-T3	47.04	1.2200	2	2.20	2.35		
15	35-01-F3	48.91	0.2100	2	2.15	2.06		
16	35-03-T1	48.91	1.2400	2	2.20	2.33		
17	40-03-T3	50.92	1.1900	2	2.20	2.81		
18	35-01-B3	48.91	0.2400	2	2.00	2.07	2.07	1.00
19	40-03-T1	50.92	1.2200	2	2.20	3.15	2.39	0.76
20	35-01-F3	48.91	0.2100	2	2.15	2.06	1.95	0.94
21	35-03-F3	58.36	1.2400	2	2.15	2.40	2.50	1.04
22	35-01-B1	48.91	0.2100	2	2.00	1.69	1.91	1.13
23	35-02-F3	46.75	0.4300	2	2.15	2.33	2.42	1.03

9.4　结论

根据 HPFL 加固层和加固混凝土构件之间的 243 个正拉粘结强度试验值和 24 个剪切粘结强度试验值，将影响两者粘结强度的主要因素，如抹灰龄期、加固界面粗糙度、混凝土和砂浆强度、修补方位等作为特征参数，建立了预测 HPFL 加固层与混凝土粘结强度的 BP 人工神经网络模型。采用训练好的 BP 神经网络对

HPFL 加固层与混凝土粘结强度进行了预测，并与实测值进行了对比。正拉粘结强度预测值与试验值之比的平均值为 1.056，标准差为 0.057；剪切粘结强度预测值与试验值之比的平均值为 0.988，标准差为 0.127。结果表明：预测值与试验值吻合良好，利用 BP 神经网络对 HPFL 加固层与混凝土粘结强度进行预测是可行的。

（1）对 BP 神经网络模型的建立过程进行了分析，以砂浆抹灰龄期、加固界面粗糙度、加固构件混凝土和加固砂浆强度、加固构件修补方位等为特征参数，建立了 HPFL 加固层与混凝土正拉粘结强度预测模型和剪切粘结强度预测模型，并通过试验数据证明了模型的正确性。

（2）依据所建立的 BP 神经网络模型，对 HPFL 加固层与混凝土正拉粘结强度和剪切粘结强度进行了预测，表明预测结果与试验值吻合良好，BP 神经网络可用于快速评估 HPFL 加固层与原混凝土的粘结性能。

10 钢筋混凝土框架结构倒塌的加固影响因素分析

10.1 概述

依据可靠的数值模型建立加固后的模型，用于研究 HPFL-粘钢加固方法的效果。研究方法主要是对比加固前后的模型在最终破坏形态、受力阶段、侧移、柱底混凝土应变、梁柱夹角等物理参量的变化。结果显示：加固后的模型刚度得到了明显提高，结构受损情况减小很多。但三种材料同时加固梁，各种材料对加固效果的贡献程度不清楚，需要进一步做参数化分析，以明确各自发挥的作用，为进一步理论研究做好铺垫。

本章根据第 2 章已经建好的加固模型，深入研究钢绞线直径、钢片强度和聚合物砂浆强度对加固效果的影响。对比的模型具体参数见表 10-1，KJ1 为未加固试件，其余均为 HPFL-粘钢加固试件。

表 10-1 结构的模拟参数

结构编号	钢绞线直径 /mm	钢片强度 /MPa	聚合物砂浆强度/MPa	备 注
KJ1				对比框架
KJ2	2. 4	335	20	加固框架
KJ3	3. 2	335	20	加固框架
KJ4	2. 4	400	20	加固框架
KJ5	2. 4	335	50	加固框架

10.2 钢绞线直径对加固效果的影响

对于框架整体的抗倒塌性能，梁底部配置的钢绞线会直接影响结构倒塌后的各项物理指标。钢绞线直径的大小直接影响加固后结构的承载力、延性等力学性能，因此是一个重要的参量。

本模拟采用两种不同直径的钢绞线，包括较细和较粗两种，分别为 ϕ2. 4mm（单根截面的面积为 2. 82mm^2），ϕ3. 2mm（单根截面的面积为 5. 10mm^2），相应的加固后梁的钢绞线截面总面积为 8. 46mm^2、15. 3mm^2，配绳率为 0. 0423%、

0.0765%。为了进行对比分析，每种钢绞线直径的模型其他参数均相同，见表10-1。

10.2.1　结构损伤指数 *D*-侧移曲线关系对比

不同直径钢绞线的加固结构和未加固结构在 NW1 和 ME1 测点位置得出结构损伤指数 *D*-侧移曲线如图 10-1 和图 10-2 所示，在 NW1 测出的侧移值见表 10-2。在结构损伤指数 *D* 相同时，加固后的结构侧移量大幅度减小，结构刚度明显增大。加固后，结构的侧移发展缓慢，主要原因是钢绞线直径参与了梁的受力，提高了开裂弯矩，延迟了开裂的出现。由于钢绞线是加固部分，具有受力滞后的特点，因此第一阶段提高刚度的幅度有限；进入第二阶段后，钢绞线对刚度的提高明显增加，充分参与梁的受力，发挥其承载力；进入第三阶段后，钢绞线承载力下降导致提高幅度减小。随着钢绞线直径的增大，加固结构的侧移减小量明显增大，其平均值减小幅度差值为 8% ~15%，原因是钢绞线直接参与受力，直径较大的钢绞线可以提供更大的承载力，相应地的结构的刚度和承载力变大了。

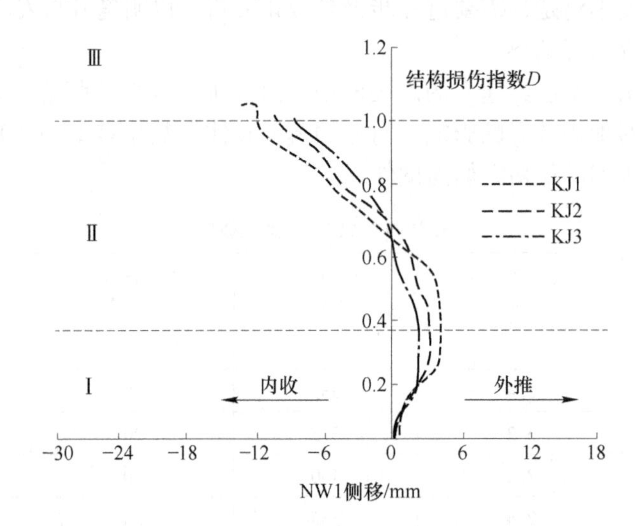

图 10-1　结构损伤指数 *D*-NW1 侧移曲线

表 10-2　不同直径钢绞线的结构 NW1 位置侧移对比

结构编号	f_1/mm	f_2/mm	f_3/mm	μ_1/%	μ_2/%	μ_3/%
KJ1	2.1	8.9	16.0			
KJ2	1.9	7.9	14.5	9.5	11.2	9.4
KJ3	1.7	6.6	13.1	19.0	25.8	18.1

注：f_1 为Ⅰ阶段侧移平均值，f_2 为Ⅱ阶段侧移平均值，f_3 为Ⅲ阶段侧移平均值，μ_1 为加固后结构在Ⅰ阶段侧移平均值减小幅度，μ_2 为加固后结构在Ⅱ阶段侧移平均值减小幅度，μ_3 为加固后结构在Ⅲ阶段侧移平均值减小幅度。

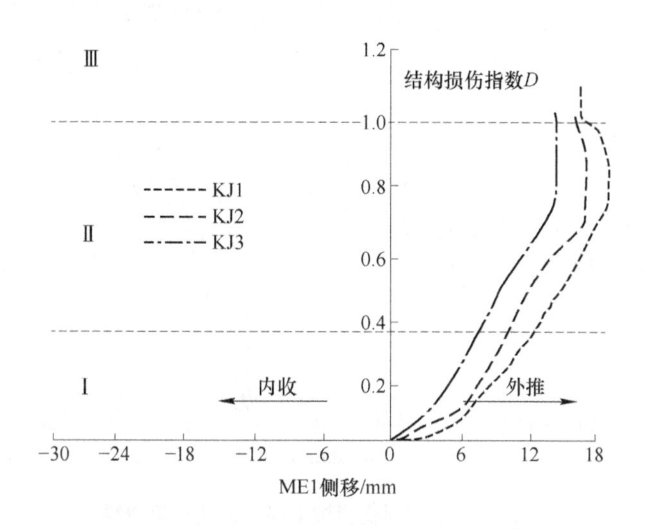

图 10-2 结构损伤指数 D-ME1 侧移曲线

10.2.2 结构损伤指数 *D*-转角曲线关系对比

不同直径钢绞线的加固结构和未加固结构在 W5 和 M2 测点位置得出结构损伤指数 *D*-转角曲线如图 10-3 和图 10-4 所示，在 M2 和 W5 测点位置得出梁柱转角对比见表 10-3 和表 10-4。在结构损伤指数 *D* 相同时，转角均有大幅度的减小，且与中柱相关的梁柱转角减小幅度大于与边柱相关的梁柱转角。加固后的结构转角发展也呈现近似线性的特点，在后期由于钢绞线被拉断，逐渐退出工作，加速了结构的破坏，转角增大速度明显，结构损伤指数 *D*-转角曲线曲率变小。钢绞线直径的增加，很明显减小了梁柱转角，其平均值减小幅度差值为 12% ~15%；主要原因在于钢绞线在整个倒塌过程中充分发挥作用，增大了第一阶段的刚度，延迟了第二阶段的发展，减小了第三阶段的最终转角结果。

表 10-3 不同直径钢绞线的结构 W5 位置梁柱转角对比

结构编号	θ_1/(°)	θ_2/(°)	θ_3/(°)	μ_1/%	μ_2/%	μ_3/%
KJ1	4.1	13.9	22.3			
KJ2	3.4	11.2	18.6	17.1	19.4	16.6
KJ3	2.9	9.2	15.5	29.3	33.8	30.5

注：θ_1 为Ⅰ阶段梁柱转角平均值，θ_2 为Ⅱ阶段梁柱转角平均值，θ_3 为Ⅲ阶段梁柱转角平均值，μ_1 为加固后结构在Ⅰ阶段梁柱转角平均值减小幅度，μ_2 为加固后结构在Ⅱ阶段梁柱转角平均值减小幅度，μ_3 为加固后结构在Ⅲ阶段梁柱转角平均值减小幅度。

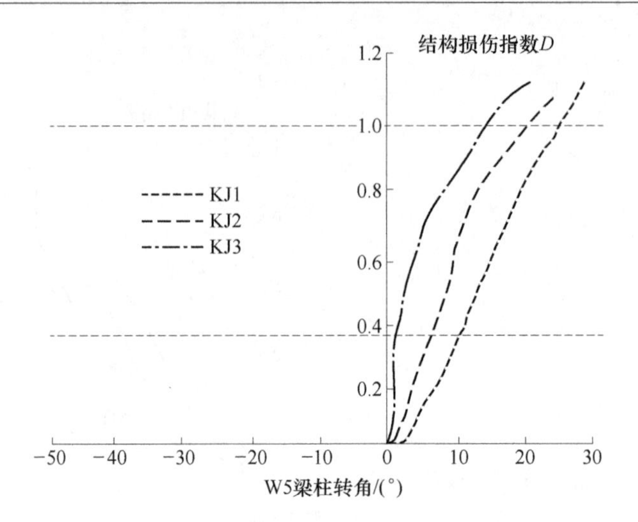

图 10-3　结构损伤指数 D-W5 梁柱转角曲线

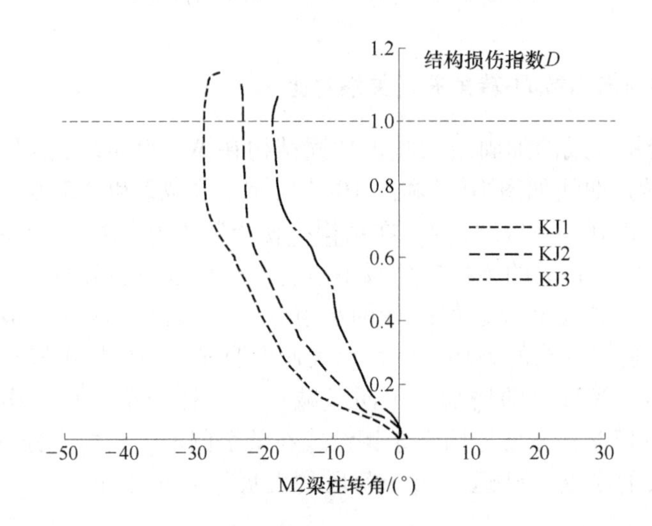

图 10-4　结构损伤指数 D 与 M2 梁柱转角曲线

表 10-4　不同直径钢绞线的结构 M2 位置梁柱转角对比

结构编号	θ_1/(°)	θ_2/(°)	θ_3/(°)	μ_1/%	μ_2/%	μ_3/%
KJ1	6. 2	15. 3	18. 1			
KJ2	5. 1	12. 1	15. 3	17. 7	20. 9	15. 5
KJ3	4. 3	9. 8	12. 2	30. 6	35. 9	32. 6

注：θ_1 为Ⅰ阶段梁柱转角平均值，θ_2 为Ⅱ阶段梁柱转角平均值，θ_3 为Ⅲ阶段梁柱转角平均值，μ_1 为加固后结构在Ⅰ阶段梁柱转角平均值减小幅度，μ_2 为加固后结构在Ⅱ阶段梁柱转角平均值减小幅度，μ_3 为加固后结构在Ⅲ阶段梁柱转角平均值减小幅度。

10.3　钢片强度对加固效果的影响

10.3.1　加固模型的模拟参数

对结构中的梁粘贴钢片可以控制裂缝，其实是体外配筋,提高梁构件的配筋率,能延迟裂缝的出现和发展。本模拟采用普通钢筋强度参数,HRB335 和 HRB400 两种牌号,相应的屈服强度为 335MPa 和 400MPa,相应的极限抗拉强度为 455MPa 和 540MPa。为了进行对比分析,每种钢片屈服强度的模型其他参数均相同,见表 10-5。

表 10-5　结构的模拟参数

结构编号	钢绞线直径/mm	钢片强度/MPa	聚合物砂浆强度/MPa	备　注
KJ1				对比框架
KJ2	2.4	335	20	加固框架
KJ4	2.4	400	20	加固框架

10.3.2　结构损伤指数 *D*-侧移曲线关系对比

不同强度钢片的加固结构和未加固结构在 NW1 和 ME1 测点位置得出结构损伤指数 *D*-侧移曲线如图 10-5 和图 10-6 所示，在 NW1 和 ME1 测点位置得出侧移对比见表 10-6 和表 10-7。在结构损伤指数 *D* 相同时，侧移量均有减小，钢片强度增大后，中柱和北柱的测点位置侧移减小不明显，平均值减小幅度差值为 5% ~7%；这是因为钢片相当于纵筋，由于钢片很薄，在受力上发挥的作用不大，主要发挥和原来混凝土的粘结作用，延缓裂缝的发展，减小裂缝宽度和裂缝间的距离，进而延迟破坏过程。

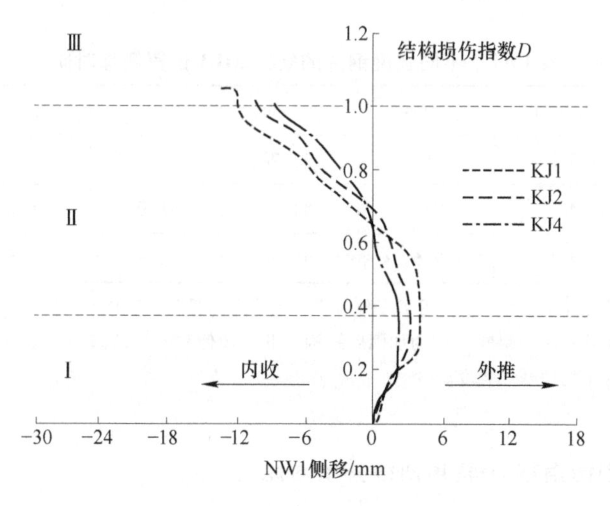

图 10-5　结构损伤指数 *D*-NW1 侧移曲线

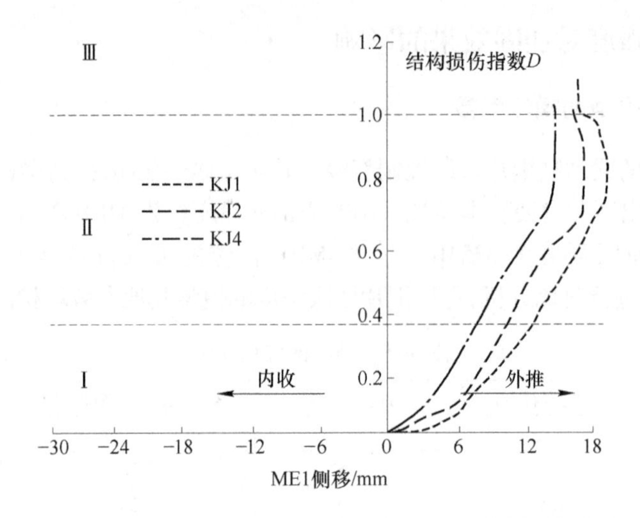

图 10-6　结构损伤指数 D-ME1 侧移曲线

表 10-6　不同强度钢片的结构 NW1 位置侧移对比

结构编号	f_1/mm	f_2/mm	f_3/mm	μ_1/%	μ_2/%	μ_3/%
KJ1	2. 1	8. 9	16. 0			
KJ2	1. 9	7. 9	14. 5	9. 5	11. 2	9. 4
KJ4	1. 8	7. 3	13. 9	14. 3	18. 1	13. 1

注：f_1 为Ⅰ阶段侧移平均值，f_2 为Ⅱ阶段侧移平均值，f_3 为Ⅲ阶段侧移平均值，μ_1 为加固后结构在Ⅰ阶段侧移平均值减小幅度，μ_2 为加固后结构在Ⅱ阶段侧移平均值减小幅度，μ_3 为加固后结构在Ⅲ阶段侧移平均值减小幅度。

表 10-7　不同强度钢片的结构 ME1 位置侧移对比

结构编号	f_1/mm	f_2/mm	f_3/mm	μ_1/%	μ_2/%	μ_3/%
KJ1	5. 3	10. 2	13. 7			
KJ2	4. 3	8. 1	11. 3	18. 9	20. 6	17. 5
KJ4	4. 1	7. 6	10. 5	22. 6	25. 5	23. 4

注：f_1 为Ⅰ阶段侧移平均值，f_2 为Ⅱ阶段侧移平均值，f_3 为Ⅲ阶段侧移平均值，μ_1 为加固后结构在Ⅰ阶段侧移平均值减小幅度，μ_2 为加固后结构在Ⅱ阶段侧移平均值减小幅度，μ_3 为加固后结构在Ⅲ阶段侧移平均值减小幅度。

10. 3. 3　结构损伤指数 *D*-转角曲线关系对比

不同强度钢片的加固结构和未加固结构在 W5 和 M2 测点位置得出结构损伤

指数 D-转角曲线如图 10-7 和图 10-8 所示，在 M2 和 W5 测点位置得出梁柱转角对比见表 10-8 和表 10-9。在结构损伤指数 D 相同时，转角均有减小，钢片强度增大，转角变化不大，其平均值减小幅度差值为 3% ~5%；因为钢片主要对裂缝的发展有较大的提高，对刚度的贡献作用不大。钢片发挥作用主要是第一阶段，钢片和原来的混凝土有较好的粘结，进而发挥加固作用。第二阶段，出现钢片滑移，裂缝控制作用减弱，转角减小量逐渐缩小。

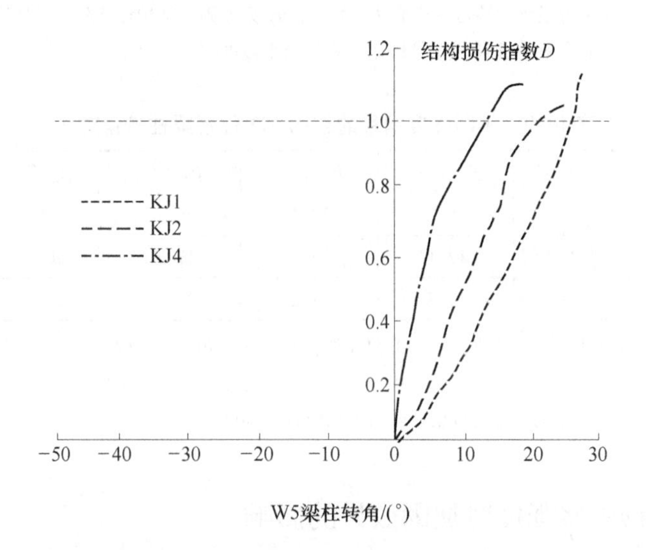

图 10-7 结构损伤指数 D-W5 梁柱转角曲线

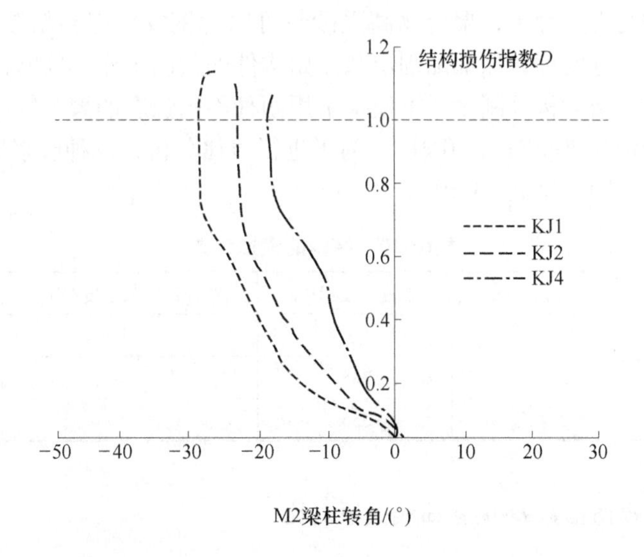

图 10-8 结构损伤指数 D-M2 梁柱转角曲线

表 10-8 不同强度钢片的结构 W5 位置梁柱转角对比

结构编号	θ_1/(°)	θ_2/(°)	θ_3/(°)	μ_1/%	μ_2/%	μ_3/%
KJ1	4.1	13.9	22.3			
KJ2	3.4	11.2	18.6	17.1	19.4	16.6
KJ4	3.3	10.6	17.5	19.5	23.7	21.5

注：θ_1 为Ⅰ阶段梁柱转角平均值，θ_2 为Ⅱ阶段梁柱转角平均值，θ_3 为Ⅲ阶段梁柱转角平均值，μ_1 为加固后结构在Ⅰ阶段梁柱转角平均值减小幅度，μ_2 为加固后结构在Ⅱ阶段梁柱转角平均值减小幅度，μ_3 为加固后结构在Ⅲ阶段梁柱转角平均值减小幅度。

表 10-9 不同强度钢片的结构 M2 位置梁柱转角对比

结构编号	θ_1/(°)	θ_2/(°)	θ_3/(°)	μ_1/%	μ_2/%	μ_3/%
KJ1	6.2	15.3	18.1			
KJ2	5.1	12.1	15.3	17.7	20.9	15.5
KJ4	4.9	11.5	14.2	21.0	24.8	21.5

注：θ_1 为Ⅰ阶段梁柱转角平均值，θ_2 为Ⅱ阶段梁柱转角平均值，θ_3 为Ⅲ阶段梁柱转角平均值，μ_1 为加固后结构在Ⅰ阶段梁柱转角平均值减小幅度，μ_2 为加固后结构在Ⅱ阶段梁柱转角平均值减小幅度，μ_3 为加固后结构在Ⅲ阶段梁柱转角平均值减小幅度。

10.4 聚合物砂浆强度对加固效果的影响

10.4.1 加固模型的模拟参数

在框架的受力过程中，聚合物高强砂浆可以对钢绞线起到粘结锚固的作用，使钢绞线应力充分发挥，保证加固层和原始构件的共同工作。同时砂浆加固层增加梁截面面积，增大构件刚度。本模拟采用两种不同强度的聚合物高强砂浆，极限抗压强度分别为 30MPa 和 50MPa。为了进行对比分析，每种砂浆抗压强度的模型其他参数均相同，见表 10-10。

表 10-10 结构的模拟参数

结构编号	钢绞线直径/mm	钢片强度/MPa	聚合物砂浆强度/MPa	备 注
KJ1				对比框架
KJ2	2.4	335	20	加固框架
KJ5	2.4	335	40	加固框架

10.4.2 结构损伤指数 *D*-侧移曲线关系对比

不同强度砂浆的加固结构和未加固结构在 NW1 和 ME1 测点位置得出结构

损伤指数 D-侧移曲线如图 10-9 和图 10-10 所示，在 NW1 和 ME1 测点位置得出侧移对比见表 10-11 和表 10-12。在结构损伤指数 D 相同时，侧移量均有减小，砂浆强度增大后，中柱和北柱的测点位置侧移减少量均较小，其平均值减小幅度差值为1% ~5%；这是因为砂浆比较薄，不能大幅度提高梁的刚度，它的主要作用是使得钢绞线和混凝土的粘结能力变大。砂浆主要在第一阶段发挥作用，进入第二阶段后砂浆逐渐开裂，加固作用逐渐减弱，梁柱转角减小幅度逐渐减小。

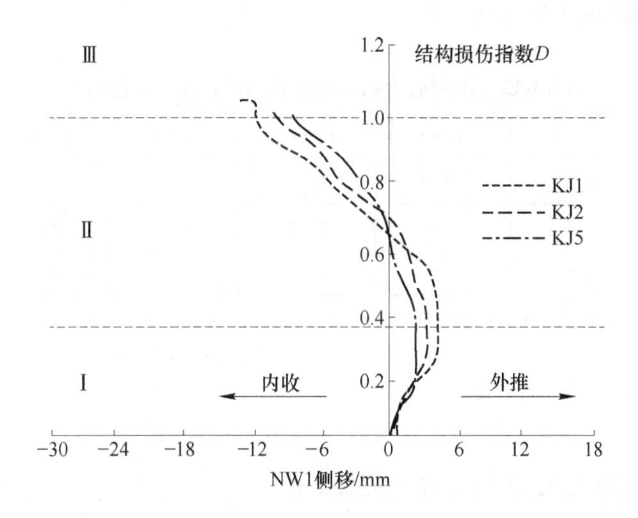

图 10-9　结构损伤指数 D-NW1 侧移曲线

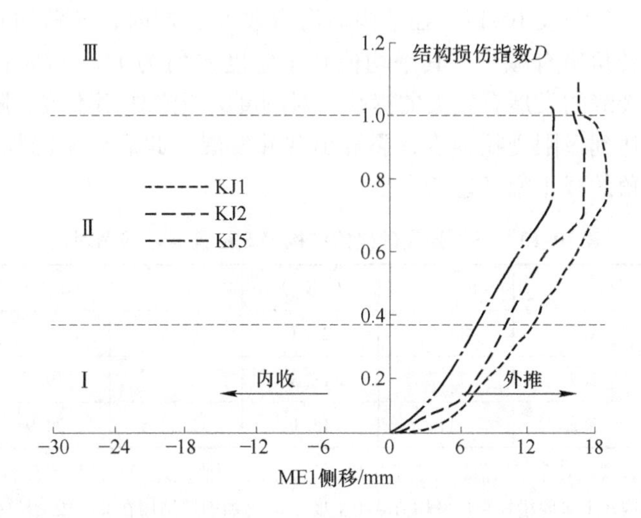

图 10-10　结构损伤指数 D-ME1 侧移曲线

表 10-11　不同强度砂浆的结构 NW1 位置侧移对比

结构编号	f_1/mm	f_2/mm	f_3/mm	μ_1/%	μ_2/%	μ_3/%
KJ1	2.1	8.9	16.0			
KJ2	1.9	7.9	14.5	9.5	11.2	9.4
KJ5	1.8	7.7	13.9	14.3	13.5	13.1

注：f_1 为Ⅰ阶段侧移平均值，f_2 为Ⅱ阶段侧移平均值，f_3 为Ⅲ阶段侧移平均值，μ_1 为加固后结构在Ⅰ阶段侧移平均值减小幅度，μ_2 为加固后结构在Ⅱ阶段侧移平均值减小幅度，μ_3 为加固后结构在Ⅲ阶段侧移平均值减小幅度。

表 10-12　不同强度砂浆的结构 ME1 位置侧移对比

结构编号	f_1/mm	f_2/mm	f_3/mm	μ_1/%	μ_2/%	μ_3/%
KJ1	5.3	10.2	13.7			
KJ2	4.3	8.1	11.3	18.9	20.6	17.5
KJ5	4.1	7.9	10.7	22.6	22.5	21.9

注：f_1 为Ⅰ阶段侧移平均值，f_2 为Ⅱ阶段侧移平均值，f_3 为Ⅲ阶段侧移平均值，μ_1 为加固后结构在Ⅰ阶段侧移平均值减小幅度，μ_2 为加固后结构在Ⅱ阶段侧移平均值减小幅度，μ_3 为加固后结构在Ⅲ阶段侧移平均值减小幅度。

10.4.3　结构损伤指数 *D*-转角曲线关系对比

不同强度砂浆的加固结构和未加固结构在 W5 和 M2 测点位置得出结构损伤指数 *D*-转角曲线如图 10-11 和图 10-12 所示，在 M2 和 W5 测点位置得出梁柱转角对比见表 10-13 和表 10-14。在结构损伤指数 *D* 相同时，转角均有减小，砂浆强度增大后，转角略有减小，其平均值减小幅度差值为 1% ~7%；因为较薄的砂浆层主要对裂缝的发展有较大的提高，对刚度的贡献作用不大。随着荷载的增大，砂浆也会达到极限受拉强度，裂缝出现并发展，此后砂浆的加固效果变小，表现为梁柱转角的减小幅度逐渐变小。

表 10-13　不同强度砂浆的结构 W5 位置梁柱转角对比

结构编号	θ_1/(°)	θ_2/(°)	θ_3/(°)	μ_1/%	μ_2/%	μ_3/%
KJ1	4.1	13.9	22.3			
KJ2	3.4	11.2	18.6	17.1	19.4	16.6
KJ5	3.2	11	18.1	22.1	20.9	18.8

注：θ_1 为Ⅰ阶段梁柱转角平均值，θ_2 为Ⅱ阶段梁柱转角平均值，θ_3 为Ⅲ阶段梁柱转角平均值，μ_1 为加固后结构在Ⅰ阶段梁柱转角平均值减小幅度，μ_2 为加固后结构在Ⅱ阶段梁柱转角平均值减小幅度，μ_3 为加固后结构在Ⅲ阶段梁柱转角平均值减小幅度。

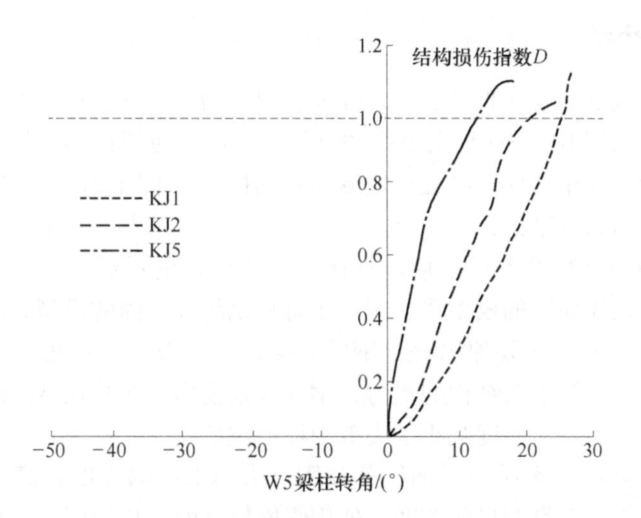

图 10-11 结构损伤指数 D-W5 梁柱转角曲线

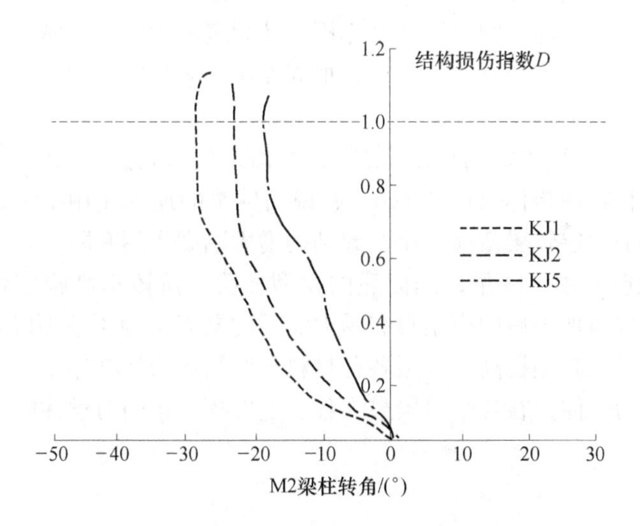

图 10-12 结构损伤指数 D-M2 梁柱转角曲线

表 10-14 不同强度砂浆的结构 M2 位置梁柱转角对比

结构编号	θ_1/(°)	θ_2/(°)	θ_3/(°)	μ_1/%	μ_2/%	μ_3/%
KJ1	6.2	15.3	18.1			
KJ2	5.1	12.1	15.3	17.7	20.9	15.5
KJ5	4.9	11.9	14.5	22.6	22.2	19.9

注：θ_1 为Ⅰ阶段梁柱转角平均值，θ_2 为Ⅱ阶段梁柱转角平均值，θ_3 为Ⅲ阶段梁柱转角平均值，μ_1 为加固后结构在Ⅰ阶段梁柱转角平均值减小幅度，μ_2 为加固后结构在Ⅱ阶段梁柱转角平均值减小幅度，μ_3 为加固后结构在Ⅲ阶段梁柱转角平均值减小幅度。

10.5　本章小结

本章通过改变钢绞线直径、钢片强度、聚合物砂浆强度这三个变量，研究不同变量条件下加固 RC 空间框架结构的抗倒塌性能，使用最终破坏形态、受力阶段、侧移、梁柱转角、柱底混凝土应变等物理指标对不同加固工况下的模型进行对比分析，得出如下结论：

（1）钢绞线直径增大近一倍，直接提高了结构的承载力、刚度、延性。使用较大直径钢绞线加固的模型比使用较小直径钢绞线加固的模型，其各项物理指标都提高 15%左右。主要原因是：钢绞线穿过梁柱节点，在角柱端部锚固形成了较强的锚固，直接参与结构的受力；钢绞线强度高，尤其在悬链线阶段明显提高了梁构件的拉力，大幅度减小了失效中柱的位移。

（2）钢片加固的实质是外加钢筋加固，采用钢筋的强度提高一个强度等级后，各项物理指标没有明显的改变。使用强度较高的钢片加固后的模型，其强度比使用强度较低的钢片加固后的模型提高 5%左右。这是因为钢片是粘贴在原结构混凝土表面，主要起控制裂缝宽度作用，使裂缝出现的多而密；在梁机制阶段起到的作用最大，在后期开裂较大后，加固作用越来越弱，钢片也逐渐屈服退出工作。

（3）聚合物砂浆的物理性能与混凝土类似，采用混凝土的强度增大一倍后，加固模型的各种物理指标仅仅增大 6%，说明砂浆的加固作用不大；主要是因为聚合物砂浆的加固层较梁截面较小，起到的增大刚度作用有限。

（4）无论改变哪个变量，加固后的模型在第一阶段提高幅度都较第二、第三阶段要小，说明加固后的模型总有受力滞后的缺陷。为了使 HPFL-粘钢加固梁的加固效果更好，必须提高加固层各种材料与原结构的粘结作用，使加固后的结构新旧材料成为一体，在各个阶段最大程度上发挥各自的力学性能。

参考文献

[1] Pearsonl C, Delatte N. Ronan point apartment tower collapse and its effect on uiling codes [J]. Perf. Const. Fac, ASCE, 2005, 19 (2): 172~177.

[2] John D Osteraas. Murrah building bombing revisited: a qualitative assessment of blast damamge and collapse patterns [J]. Journal of Performance of Construction Facilities, ASCE, 2006, 20 (4): 330~335.

[3] Usmani A S. Stability of the world trade center twin towers structural frame in mulltipe floor fires [J]. Journal of Engineering Mechanics, ASCE, 2005, 131 (6): 654~657.

[4] 中华人民共和国住房和城乡建设部. GB 50010—2010 混凝土结构设计规范 [S]. 北京: 中国建筑工业出版社, 2010.

[5] GSA2003. Progressive collapse analysis and design guidelines for new federal office buildings and major modernization projects [J]. U. S. General Service Administration, 2003, 32 (19): 67~98.

[6] David S, Brian C. DoD Research and Criteria for the Design of Buildings to Resist Progressive Collapse [J]. U. S. Department of Defence, 2011, 137 (9): 104~152.

[7] American Society of Civil Engineers (ASCE). Minimum Design Loads for Builing and Other Structures [S]. ASCE 7-05, New York, 2006.

[8] General Service Adminstration (GSA). Progressive Collapse Analysis and Design Guidelines for New Federal Office Builings and Major Modernization Projects [S]. 2008-05-27.

[9] BS8110-1: 1997. Structural Use of Concrete Part 1: Code of Practice for Design and Construction [S]. British Standards Institution, London, 2002.

[10] McGuire W. Prevention of progressive collapse [C] //Proceeding of the Regional Conference on Tall Buildings, Asian Institute of Technology, Bangkok, Thailand, 1974.

[11] Burnett E F P. The avoidance of progressive collapse: regulatory approaches to the problem [A]. National Bureau of Standards, Washington D C, 1975.

[12] Breen J E. Research workshop on progressive collapse of building structures [A]. National Bureau of Standards, Washington D C, 1975.

[13] Hawkins N M Mitchell D, Progressive collapse of flat plate structures [J]. USA: ACI Journal, 1979, 76 (10).

[14] BS6399 (1996). Loading for buildings; Part 1: Code of practice for dead and imposed loads [S]. British Standards Institute, London, UK, 1996.

[15] 叶列平, 陆新征, 等. 混凝土框架结构的抗连续性倒塌设计方法 [J]. 建筑结构, 2010, 40 (2): 1~7.

[16] 李易, 叶列平, 陆新征, 等. 基于能量方法的 RC 框架结构连续倒塌抗力需求分析 I: 梁机制 [J]. 建筑结构学报, 2011, 32 (11): 1~8.

[17] 李易, 陆新征, 叶列平, 等. 基于能量方法的 RC 框架结构连续倒塌抗力需求分析 II: 悬链线机制 [J]. 建筑结构学报, 2011, 32 (11): 9~16.

[18] Woodson S C, Baylot J T. Structural Collapse: Quarter-Seale Model Experiments [J].

Technical report SL-99-8, US Army Engineer Research and Development Center, Mississippi, 1999, 28 (11): 1 ~ 50.

[19] 江见鲸, 陆新征. 世界贸易中心飞机撞击后倒塌过程的仿真分析 [J]. 土木工程学报, 2001, 34 (6): 8 ~ 10.

[20] 易伟建, 何庆锋, 肖岩. 钢筋混凝土框架结构抗倒塌性能的试验研究 [J]. 建筑结构学报, 2007, 28 (5): 104 ~ 109.

[21] 师燕超, 李忠献. 爆炸荷载作用下钢筋混凝土柱的动力响应与破坏模式 [J]. 建筑结构学报, 2008, 29 (4): 112 ~ 117.

[22] 师燕超, 李忠献, 郝洪. 爆炸荷载作用下钢筋混凝土框架结构的连续倒塌分析 [J]. 解放军理工大学学报, 2007, 6 (6): 652 ~ 658.

[23] 宜刚, 顾祥林, 吕西林. 强震作用下混凝土框架结构倒塌过程的数值分析 [J]. 地震工程与振动, 2003, 23 (6): 24 ~ 30.

[24] 陈俊岭, 马人乐, 何敏娟. 偶然事件下框架结构抗连续倒塌分析 [J]. 四川建筑科学研究, 2007, 33 (1): 65 ~ 68.

[25] 张素芬. 钢筋混凝土框架结构抗连续倒塌分析 [D]. 长沙: 湖南大学, 2008.

[27] 邢甫庆, 陈道政. 四层 RC 框架结构抗连续性倒塌分析 [J]. 安徽建筑工业学院学报 (自然科学版), 2009, 17 (5): 31 ~ 35.

[28] 张云鹏. 多层钢筋混凝土框架结构抗连续倒塌性能评估 [D]. 长沙: 湖南大学, 2009.

[29] Kwasniewski L. Nonlinear dynamic simulations of progressive collapse for a multistory building [J]. Engineering Structures, 2010, 32 (5): 1223 ~ 1235.

[30] 张帆榛, 易建伟. 无梁楼板的抗倒塌性能试验研究及分析 [J]. 湖南大学学报 (自然科学版), 2010, 37 (4): 1 ~ 5.

[31] 邓言付. 考虑楼板作用的钢筋混凝土框架结构抗震性能的试验研究与理论分析 [D]. 苏州: 苏州科技学院, 2011.

[32] 易建伟, 张帆榛. 钢筋混凝土板柱结构抗倒塌性能试验研究 [J]. 建筑结构学报, 2012, 33 (6): 35 ~ 41.

[33] 梁益, 陆新征, 李易, 等. 楼板对结构抗连续倒塌能力的影响 [J]. 四川建筑科学研究, 2010, 63 (2): 5 ~ 10.

[34] 赵颖. RC 框架结构节点和楼板对结构抗连续倒塌性能影响研究 [D]. 哈尔滨: 哈尔滨工业大学, 2011.

[35] 齐宏拓, 李琪琳. 钢筋混凝土楼板抗连续倒塌性能数值模拟分析 [J]. 建筑结构学报, 2010, 40 (S): 358 ~ 364.

[36] 张华双. 考虑楼板作用的钢筋混凝土框架结构抗连续倒塌性能研究 [D]. 西安: 长安大学, 2013.

[37] 李亚娥, 左文武. 混凝土框架结构楼板对抗连续性倒塌的影响 [J]. 甘肃科学学报, 2014, 26 (4): 110 ~ 113.

[38] 王来, 邱婧. 基于组合楼板影响的空间钢框架连续倒塌分析 [J]. 山东科技大学学报 (自然科学版), 2014, 33 (4): 50 ~ 57.

[39] 赵晶, 袁波符, 素娥, 等. 楼板对钢筋混凝土框架结构连续倒塌的影响 [J]. 贵州大学学

报（自然科学版），2014，31（4）：99～103.

[40] 何沙沙. 现浇钢筋混凝土楼板对框架结构抗连续倒塌性能的影响［D］. 长沙：湖南大学，2014.

[41] BS8110-1：1997. Structural Use of Concrete Part I：Code of Practice for Design and Construction［S］. London：British Standards Institution，2002.

[42] Bao Yihai，Sashi K. Kunnath，Sherif El－Tawil，et al. Macromodel-based simulation of progressive collapse：RC frame structures［J］. Journal of Structural Engineering，2008，134（7）：1079～1091.

[43] 江见鲸. 钢筋混凝土结构非线性有限元分析［M］. 西安：陕西科学技术出版社，1994：238～242.

[44] Lubliner J，Oliver J，Oller S，et al. A Plastic-damage model for concrete［J］. International Journal of Solids and Structures，1989，25（3）：229～900.

[45] Lee J，G L Fenves. Plastic-damage Model for Cyclic Loading of Concrete Structures［J］. Journal of Engineering Mechanics，1998，124（8）：892～900.

[46] 王少杰. RC 空间框架结构竖向倒塌机制试验研究与分析［D］. 泰安：山东农业大学，2012.

[47] 王惠宾，朱江，熊进刚，等. 混凝土框架结构中楼板抗连续性倒塌效应的分析［J］. 南昌大学学报（理科版），2014，38（6）：548～552.

[48] 于清. FRP 的特点及其在土木工程中的应用［J］. 哈尔滨建筑大学学报，2000，33（6）：26～30.

[49] 马国玉. 碳纤维约束混凝土考虑应变速率影响的单轴受压本构关系试验研究［D］. 唐山：河北理工大学，2010.

[50] 王庆利，朱贺飞，高轶夫. 圆 CFRP-钢管约束混凝土轴压力作用下的本构关系［J］. 沈阳建筑大学学报（自然科学版），2007，23（2）：199～203.

[51] 敬登虎，曹双寅. 纤维增强复合材料约束下方形混凝土柱的轴向应力－应变模型［J］. 建筑科学，2005，21（2）：12～16.

[52] 肖建庄，龙海燕，石雪飞，等. GFRP 对不同断面形状混凝土柱约束性能试验研究［J］. 玻璃钢/复合材料，2003（4）：21～26.

[53] 王代玉. FRP 约束混凝土柱轴压本构关系及抗震性能［D］. 哈尔滨：哈尔滨工业大学，2008.

[54] 吴刚，吕志涛. FRP 约束混凝土圆柱无软化段时的应力－应变关系研究［J］. 建筑结构学报，2003，24（5）：1～9.

[55] 张力文，孙卓，张俊平. FRP 约束混凝土力学性能影响因素分析［J］. 材料导报，2009，23（4）：53～64.

[56] 吴文平，黄炳生，樊建慧. 3 种不同钢管混凝土本构关系模型研究［J］. 四川建筑科学研究，2009，35（6）：19～23.

[57] 钟善桐，张素梅. 从本构关系研究钢管混凝土工作性能的新成果［J］. 钢结构，1992（3）：4～15.

[58] 胡鲲. 方钢管混凝土粘结滑移本构关系的研究分析［D］. 西安：西安建筑科技大

学, 2007.

[59] 张晨, 周清. 钢管混凝土本构关系研究探讨 [J]. 山西建筑, 2008, 34 (34): 10 ~ 11.

[60] 张文福, 钟善桐. 钢管混凝土单向循环本构关系模型的初步研究 [C] //中国钢协钢 - 混凝土组合结构协会第六次年会论文集 (上册). 哈尔滨: 哈尔滨建筑大学学报, 1997: 88 ~ 92.

[61] 袁伟斌, 金伟良. 钢管混凝土的等效本构关系研究 [J]. 浙江大学学报 (工学版), 2004, 38 (8): 984 ~ 988.

[62] 李新. 圆钢管混凝土粘结滑移性能的试验研究及有限元分析 [D]. 西安: 西安建筑科技大学, 2008.

[63] 辛海亮. 钢管混凝土粘结滑移本构关系理论研究 [J]. 建材技术与应用, 2007 (10): 3 ~ 5.

[64] 刘玉茜. 钢管混凝土粘结滑移性能的理论分析及 ANSYS 程序验证 [D]. 西安: 西安建筑科技大学, 2006.

[65] 蒋隆敏. 钢筋网高性能水泥复合砂浆加固 RC 柱在静载与低周反复荷载作用下的性能研究 [D]. 长沙: 湖南大学, 2006.

[66] 肖阿林, 何益斌, 郭健. 型钢 - 钢管混凝土轴压柱核心混凝土应力应变关系 [J]. 中南大学学报 (自然科学版), 2012, 41 (1): 341 ~ 346.

[67] 张月弦, 薛元德. FRP 约束混凝土的基本力学性能 [J]. 玻璃钢/复合材料, 1999 (6): 21 ~ 27.

[68] 谢剑, 陈胜云, 赵彤. 碳纤维布增强钢筋混凝土柱抗剪承载力的试验研究和理论分析 [C] //第二届全国土木工程用纤维增强复合材料应用技术学术交流会论文集. 昆明: 天津大学土木工程系, 2002: 144 ~ 149.

[69] 赵彤, 谢剑, 戴自强, 等. 碳纤维织物补强加固混凝土结构综述 [J]. 工程力学增刊, 2000: 758 ~ 763.

[70] 来文汇, 潘景龙, 金熙男. 三种不同截面形状 FRP 约束混凝土应力应变关系的实验研究 [J]. 工业建筑, 2004, 34 (10): 81 ~ 84.

[71] 陈洪涛, 钟善桐, 张素梅. 钢管混凝土中混凝土的三向本构关系 [J]. 哈尔滨建筑大学学报, 2000, 33 (6): 13 ~ 16.

[72] 孙修礼. 高层钢管混凝土结构体系设计方法和试验研究 [D]. 南京: 东南大学, 2006.

[73] 蔡健, 孙刚. 方形钢管约束下核心混凝土的本构关系 [J]. 华南理工大学学报 (自然科学版), 2008, 36 (1): 105 ~ 109.

[74] 余勇, 吕西林. 三向受压混凝土的三围本构关系 [J]. 同济大学学报, 1998, 26 (6): 622 ~ 626.

[75] GB 50010—2010 混凝土结构设计规范 [S]. 北京: 中国建筑工业出版社, 2010.

[76] Mander J B, Priestley M J N, Park R. Theoretical Stress-Strain Model for Confined Concrete [J]. ASCE, 1988.

[77] 卜良桃. 高性能复合砂浆钢筋网 (HPF) 加固混凝土新技术 [M]. 北京: 中国建筑工业出版社, 2007: 8 ~ 9.

[78] 滕智明, 邹离湘. 反复荷载下钢筋混凝土构件的非线性有限元分析 [J]. 土木工程学报,

1996, 29 (2): 19 ~ 27.

[79] 周文峰, 黄宗明, 白绍良. 约束混凝土几种有代表性应力 - 应变模型及其比较 [J]. 重庆建筑大学学报, 2003, 25 (4): 122 ~ 127.

[80] Mander J B, Priestley M J N, Park R. Observed stress-strain behavior of confined concrete [J]. J. Struct. Eng, 1988, 114: 1827 ~ 1849.

[81] 张秀琴, 过镇海, 王传志. 反复荷载下箍筋约束混凝土的应力应变全曲线方程 [J]. 工业建筑, 1985 (12): 16 ~ 20.

[82] 赵彤, 谢剑, 等. 碳纤维布约束混凝土应力应变全曲线试验研究 [J]. 建筑结构, 2000 (7): 40 ~ 43.

[83] 史金辉, 加筋高性能砂浆 (HPFL) - 粘钢联合加固钢筋混凝土方柱轴压性能研究 [D]. 西安: 长安大学.

[84] JGJ3—2010, 高层建筑混凝土结构技术规程 [S]. 北京: 中国建筑工业出版社, 2010.

[85] GB 50367—2013 混凝土结构加固设计规范 [S]. 北京: 中国建筑工业出版社, 2013.

[86] CECS 242—2008, 水泥复合砂浆钢筋网加固混凝土结构技术规程 [S]. 北京: 中国计划出版社, 2008.

[87] 周长东, 黄成奎. 玻璃纤维聚合物约束混凝土圆柱简化分析模型 [J]. 大连理工大学学报, 2004, 44 (1): 96 ~ 103.

[88] Sheikh S A, Uzumeri S M. Strenth and ductility of tied concrete columns [J]. Journal of Structural Engineering, 1980, 106 (5): 1079 ~ 1102.

[89] 顾辉, 姜涛. 碳纤维复合材料 (CFRP) 约束矩形截面混凝土柱应力 - 应变关系研究 [J]. 四川建筑科学研究, 2006, 32 (5): 45 ~ 54.

[90] 黄华. 高强钢绞线网 - 聚合物砂浆加固钢筋混凝土梁式桥试验研究与机理分析 [D]. 西安: 长安大学, 2008.

[91] 黄华, 刘伯权, 邢国华, 等. 高强不锈钢绞线网 - 渗透性聚合砂浆加固的 T 型梁桥试验 [J]. 中国公路学报, 2007, 20 (4): 83 ~ 90.

[92] Paramsivam P, Ong K C G, Lim C T E. Ferrocement laminates for strengthening RC T-beams [J]. Cement & Concrete Composites, 1994, 16 (2): 143 ~ 152.

[93] 聂建国, 王寒冰, 张天申, 等. 高强不锈钢绞线网 - 渗透性聚合砂浆抗弯加固的试验研究 [J]. 建筑结构学报, 2005, 26 (2): 1 ~ 9.

[94] Shang S P, Zen L H. Flexural strengthening of reinforced concrete beam with ferrocement [C]. 28th conference on our world in concrete & structures. Singapore, 2003: 501 ~ 508.

[95] 曹俊. 高强不锈钢绞线网 - 聚合砂浆粘结锚固性能的试验研究 [D]. 北京: 清华大学学位论文, 2004.

[96] 周梅, 白金婷, 张晓帆. 橡胶粉掺量及粗细度对混凝土强度影响的数学分析 [J]. 工业建筑, 2011, 41 (9): 5 ~ 10.

[97] 黄华, 刘伯权, 刘卫铎. 高强钢绞线网 - 聚合物砂浆加固层与 RC 结构黏结面性能试验 [J]. 中国公路学报, 2009, 22 (3): 70 ~ 75.

[98] 赵军, 米贵东, 冯建建, 等. 人工神经元网络在高密度水泥浆配合比预测中的应用 [J]. 硅酸盐通报, 2013, 32 (9): 1905 ~ 1909.

[99] 张良. 地震多参数神经网络目标预测应用研究 [D]. 西安: 长安大学, 2003.

[100] Zhu J H, Zaman M M, Anderson S A. Modeling of soil behavior with a recurrent neural network [J]. Canadian Geotechnical Journal, 1998, 35 (5): 858 ~ 872.

[101] 王希伟, 杨勇新. 基于 BP 神经网络预测高强钢筋与高强混凝土的粘结锚固强度 [J]. 广东土木与建筑, 2010 (9): 37 ~ 39, 42.

[102] 白建方. 基于神经网络的钢筋混凝土框架异型节点抗震性能研究 [D]. 西安: 西安建筑科技大学, 2004.

[103] 李栋. HPFL-粘钢联合加固 RC 空间框架抗倒塌性能研究 [D]. 西安: 长安大学, 2012.